青少年编程能力等级测试专用教程

NCT

Python编程·二级

中国软件行业协会培训中心 主编

山东人民出版社·济南

国家一级出版社 全国百佳图书出版单位

图书在版编目（CIP）数据

NCT青少年编程能力等级测试专用教程．Python编程．二级/中国软件行业协会培训中心主编．--济南：山东人民出版社，2022.6
ISBN 978-7-209-13356-2

Ⅰ．①N… Ⅱ．①中… Ⅲ．①软件工具－程序设计－青少年读物 Ⅳ．①TP311.1-49

中国版本图书馆CIP数据核字(2021)第173107号

NCT青少年编程能力等级测试专用教程 Python编程・二级
NCT QINGSHAONIAN BIANCHENG NENGLI DENGJI CESHI ZHUANYONG JIAOCHENG Python BIANCHENG ERJI
中国软件行业协会培训中心 主编

主管单位 山东出版传媒股份有限公司
出版发行 山东人民出版社
出 版 人 胡长青
社 址 济南市市中区舜耕路517号
邮 编 250002
电 话 总编室（0531）82098914
市场部（0531）82098027
网 址 http://www.sd-book.com.cn
印 装 山东临沂新华印刷物流集团有限责任公司
经 销 新华书店

规 格 16开（185mm×260mm）
印 张 14.25
字 数 250千字
版 次 2022年6月第1版
印 次 2022年6月第1次
ISBN 978-7-209-13356-2
定 价 72.00元

编委会

序 言

信息技术和人工智能技术的发展，为整个社会生产方式的改进和生产力的发展带来前所未有的提升。人工智能不仅已经融入我们生活的方方面面，也成为国家间战略竞争的制高点。培养创新型信息技术人才将成为国家关键领域技术突破的重中之重。

为贯彻国家《新一代人工智能发展规划》精神，教育部办公厅印发《2019 年教育信息化和网络安全工作要点》，要求“在中小学阶段设置人工智能相关课程，逐步推广编程教育”，教育部教育信息化技术标准委员会（CELTSC）组织研制、清华大学领衔起草了《青少年编程能力等级》团体标准第 1 部分、第 2 部分，2019 年 10 月全国高等学校计算机教育研究会、全国高等院校计算机基础教育研究会、中国软件行业协会、中国青少年宫协会联合发布了该标准。

NCT 全国青少年编程能力等级测试基于《青少年编程能力等级》标准，并结合我国青少年编程教育的实际情况、社会应用及发展需要而设计开发，是国内首个通过 CELTSC《青少年编程能力等级》标准符合性认证的等考项目。中国软件行业协会培训中心作为《青少年编程能力等级》团体标准的执行推广单位，已于 2019 年 11 月正式启动全国青少年编程能力等级测试项目，旨在促进全国青少年编程教育培训工作的快速发展，为中国软件、信息、人工智能等领域的人才培养和储备做出贡献。

为更好推动 NCT 发展，提高青少年编程能力，中国软件行业协会依据标准和考试大纲，组织业内专家编撰了本套《NCT 青少年编程能力等级测试专用教程》。根据不同测试等级要求，基于 6 ～ 16 岁青少年的学习能力和学习方式，本套教程分为图形化编程：Level 1 ～ Level 3，共三册； Python 编程：Level 1 ～ Level 4，共四册。图形化编程，可以让孩子在动画和游戏设计过程中，进行自我逻辑分析、独立思考，启迪孩子的创新思维，可以让孩子学会提出问题、解决问题，其成果直观可见，不仅帮助孩子体验编程的乐趣，还能增添孩子的成就感，进而激发孩子学习编程的兴趣。而 Python 作为最受欢迎的编程语言之一，已在大数据、云计算和人工智能等领域都有广泛的应用，缩短了大众与计算机科学思维、人工智能的距离。

本套教程符合当代青少年教育理念，课程内容按照从基本技能到核心技能再到综合技能的顺序，难度由浅入深、循序渐进。课程选取趣味性强、生活化的教学案例，帮助学生加深理解，提高学生的学习兴趣和动手实践能力。实例和项目的选取体现了课程内容的全面性、专业岗位工作对象的典型性和教学过程的可操作性，着重培养学生的实际动手能力与创新思维能力，以优化学生的知识、能力和素质为目的，使学生在学习过程中掌握编程思路，增强计算思维，提升编程能力。因此，本套教程非常适合中小学学校、培训机构教学及学生自学使用。

教程编写后，我们邀请全国业内知名专家学者、一线中小学信息技术课教师和专业培训机构人员组成了评审专家组，专家组听取了关于教程的编写背景、思路、内容、体系等方面的汇报，认真阅读了本套教程，对本套教程给予了充分肯定，同时提出了宝贵的修改建议，为教程质量的进一步提升指明了方向。经讨论，专家组给出如下综合评审意见：本套教程紧扣《青少年编程能力等级》团体标准，遵循青少年认知规律，整体框架和知识体系完整，结构清晰，逻辑性强，语言描述流畅，适合青少年阅读学习。课程内容由浅入深、层层递进，案例贴近生活，是对青少年学习编程具有很强示范性的好教程，值得推广使用。

未来是人工智能的时代，掌握编程技能是大势所趋。少年强则国强，青少年朋友在中小学阶段根据自己的兴趣，打好编程基础，对未来求学和择业都大有裨益。相信青少年在国家科技发展、解决国家核心科技难题方面，一定能做出自己应有的贡献。

Python 编程语言概述

什么是编程语言？

当今世界，计算机的身影无处不在，各行各业都需要使用计算机来完成各项工作。日常生活中电脑、手机的功能也越来越强大，计算机能为学习和生活带来极大方便，而这些强大的功能都需要通过安装各类软件来实现。编程，就是制作这些计算机软件的过程，编程设计用的语言就是编程语言。

学会编程语言，我们可以开发电脑、手机的应用程序，也可以构建酷炫的三维虚拟世界游戏供人们休闲娱乐，还可以控制工厂的机器、路上的汽车、军队的战斗机，甚至太空中的航天飞机等，让这些设备实现自动化工作，服务人类。

为什么选择 Python 作为入门语言？

当今世界上有将近 600 种编程语言，比较常用的有 20 余种，各种语言适用的场景不同，语法风格也不同。本教材中我们学习其中的一种叫作 Python 的语言。Python 语言以其简洁的语法和强大的功能被越来越多的工程师认可和使用，是最适合作为编程入门的语言之一。Python 语言能让编程者把大部分时间用在逻辑设计上，而不是复杂且容易出错的语法上。

Python 语言还是人工智能领域开发的首选语言，有丰富的第三方库可供使用，掌握了 Python 语言就像掌握了人工智能的钥匙，开启了通向未来的大门。

Python 语言编辑器的安装

很多工具软件都可以用来编写程序，比如我们可以直接用 Windows 自带的记事本来编写 Python 程序，但是记事本里没有任何辅助工具帮助我们高效地编写程序，所以大部分人不会选择直接在记事本里书写程序，而是选择有更多辅助功能的集成开发环境（IDE，Integrated Development Environment）。我们可以在 Python IDE 中编写程序代码，该软件给我们提供了很多便捷的辅助功能，如项目管理、代码提示、代码着色、自动缩进、错误提醒、解释并运行程序等。

用于编写 Python 程序的编辑软件有很多种，Python 自带的编辑器叫作 IDLE，其功能相对单一，交互界面不够友好。NCT 青少年编程能力等级测试官方推荐的海龟编辑器是一种简单易用且功能丰富的 Python 程序编辑软件，比较适合青少年入门学习使用。

使用浏览器访问 NCT 官方网站 https://www.nct-test.com/，在软件下载栏目中找到海龟编辑器，点击下载安装即可。

有一定编程基础的同学也可以选择使用 Python 原生编辑器。用浏览器访问 Python 官网 https://www.python.org/ 可以下载 Python 安装包，安装完成后即可从开始菜单中找到 IDLE，点击“打开”进行使用。

除此之外比较流行的 Python 集成开发环境还有 PyCharm、VS Code 等，有兴趣的爱好者，可以自行下载安装，查看相关的操作说明来进行学习使用。

目 录

序 言 …… 1
Python 编程语言概述 …… 1

第一单元 文件操作

第 1 课 读取文件 …… 3
第 2 课 写文件 …… 10
第 3 课 多行文件操作 …… 16
单元练习 …… 22

第二单元 自定义函数

第 4 课 自定义函数 …… 27
第 5 课 自定义函数的参数和返回值 …… 34
第 6 课 命名空间和作用域 …… 43
第 7 课 函数的递归 …… 52
单元练习 …… 61

第三单元　模块和包

第 8 课　什么是模块 …… 69
第 9 课　用包来管理模块 …… 76
单元练习 …… 79

第四单元　面向对象

第 10 课　类的定义和实例化 …… 83
第 11 课　类的方法 …… 89
第 12 课　类的封装、继承和多态 …… 95
单元练习 …… 100

第五单元　Python 中常用的库

第 13 课　标准库之随机数库——random …… 105
第 14 课　标准库之时间库——time …… 114
第 15 课　标准库之数学库——math …… 121
第 16 课　第三方库的安装 …… 127
第 17 课　jieba 库的使用 …… 132
第 18 课　wordcloud 库 …… 139
第 19 课　pyinstaller 库 …… 147
单元练习 …… 150

第六单元 综合提升

第 20 课 二维列表 …… 155
第 21 课 二维列表的排序 …… 160
第 22 课 lambda 表达式 …… 165
第 23 课 字符串高级方法 …… 168
第 24 课 标准库中的函数 …… 172
第 25 课 海龟又来了 …… 181
第 26 课 综合实战——学习强国趣味知识问答 …… 184

模拟题 …… 201

附 录 …… 213

第一单元
文件操作

珍贵的运算结果，值得永久保存……

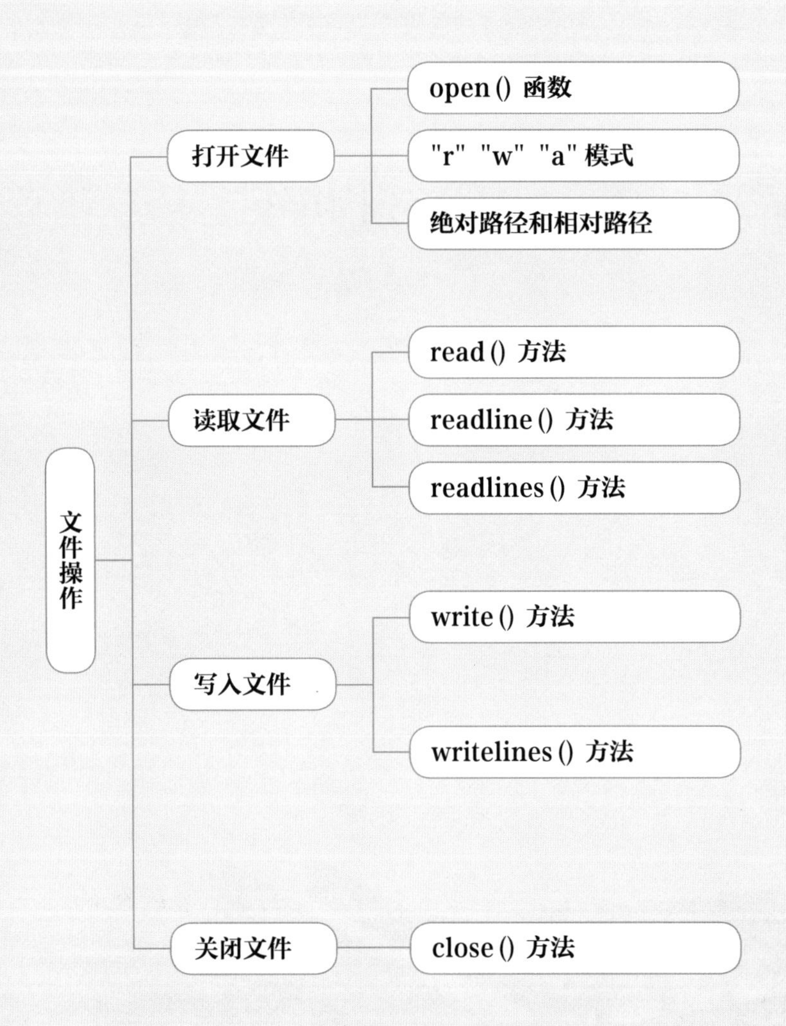
文件操作
打开文件
open () 函数
"r" "w" "a" 模式
绝对路径和相对路径
读取文件
read () 方法
readline () 方法
readlines () 方法
写入文件
write () 方法
writelines () 方法
关闭文件
close () 方法

第 1 课　读取文件

之前我们写过游戏登录程序，但是密码保存在程序的变量中，如果用户想修改密码就不得不修改程序，这样做是不现实的。我们不能期望每个程序的使用者都会修改程序。如果能将密码保存在文件中，用户登录游戏的时候先读取文件中保存的密码再做比对，想修改密码时，修改文件的内容即可。

编程新知

Python 中提供了非常简便的文件操作方法，能让我们用简短的程序实现文件的读取和写入。文件操作的基本步骤包括打开文件、读取文件或者写入文件、关闭文件。

打开文件：open() 函数

open() 函数用于打开文件，该函数常用参数有两个：文件名（filename）和操作模式（mode）。语法格式如下：

```
file = open(filename[,mode])
```

参数说明：

filename：要创建或打开的文件名称，为字符串格式。文件名可以使用绝对路径或相对路径，绝对路径是指文件名为完整的路径名称，如“D:/test.txt”。相对路径是文件与当前运行的程序的相对层次关系，如“../test.txt”。后面我们会详细讲解绝对路径和相对路径的相关知识。

mode：可选参数，用于指定文件的打开模式。

mode 参数值说明

模式	描 述
r	只读模式（默认模式），若文件不存在，则程序报错
w	写模式。如果该文件已存在则打开文件，并覆盖原有内容重新写入。如果该文件不存在，创建新文件
a	追加写模式。如果该文件已存在，新增内容将会放在文件的结尾。若文件不存在，创建新文件进行写入
x	写模式，新建一个文件，如果该文件已存在则会报错
+	x+/r+/w+/a+，打开一个文件进行更新（可读可写）

调用 open() 函数，如果 mode 模式的参数为 w、w+、a、a+。打开当前的文件不存在时，就会创建新的文件。

读取文件内容：read () 方法

read() 方法的功能是从打开的文件中读取文件内容并以字符串形式返回，我们先通过一个案例来学习 read() 方法的用法。

手动在 D 盘 Python 目录下新建一个名为“test.txt”的文本文件，在文件中输入“123456”，保存文件，然后运行下面程序：

```
1  f = open('D:/Python/test.txt','r')
2  str1 = f.read()
3  print(str1)
4  f.close()
```

```
控制台
123456
程序运行结束
```

从上面例子可以看出，打开文件、读取文件、关闭文件是配合使用的，通常来说，读取一个文件的内容都会经过这三步。

open() 函数可以打开文件，打开后返回一个文件对象。

close() 方法用于关闭文件，必须和 open() 配对使用。

read() 方法可以读取文件中的内容。

read() 方法如果不加任何参数，默认读取整个文件的全部内容，如果添加一个长度参数，可以读取指定长度的字符，编程示例：

```
1  f = open('D:/Python/test.txt','r')
2  str1 = f.read(5)  # 读取文件内容的前 5 个字符
3  print(str1)
4  f.close()
```

控制台

12345
程序运行结束

read() 方法会读取文件内的全部内容，如果文件中有多行，会连同换行符一并读取到字符串中，借助以前学过的字符串处理方法 split()，可以将字符串格式的内容轻松分解成列表，编程示例：

文件“test.txt”内容为：

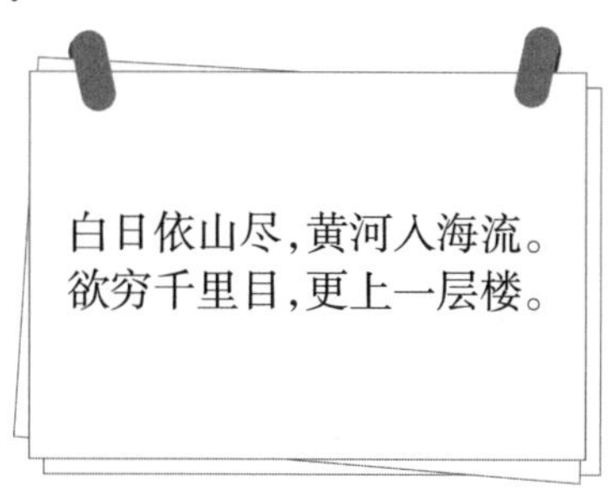

编程示例：

```
1  file = open('test.txt','r')
2  f = file.read()
3  lst = f.split('\n')
4  print(lst)
5  file.close()
```

控制台

['白日依山尽，黄河入海流；','欲穷千里目，更上一层楼。']
程序运行结束

字符串转换成列表之后，可以用列表的众多方法对其进行自由操作了。

读取一行：readline() 方法

使用 read() 方法读取文件，如果文件很大，一次性读取全部内容到内存，容易导致内存不足，所以可以采取逐行读取的方式。文件对象提供了 readline() 方法，每次读取一行数据，行尾的换行符也会被当作字符内容读取。

下面代码展示的是 readline() 方法的用法：

```
1  file = open('test.txt','r')
2  str1 = file.readline()
3  print(str1)
4  file.close()
```

控制台

```
白日依山尽，黄河入海流；

程序运行结束
```

细心的同学会发现，结果中有两个换行，这是因为“黄河入海流；”后面的换行符被 readline() 方法读取并打印输出到控制台，print() 函数自身会产生一个换行符，所以控制台会输出一个空行。

readline() 方法读取完一行后会自动定位到下一行，所以多次调用 readline() 方法也可以读取多行，此时可以配合循环语句使用：

```
1  file = open('test.txt','r')
2  while True:
3      line = file.readline()
4      if not line: # 判断是否读取完毕
5          break
6      else:
7          print(line,end='')  # end='' 去掉 print() 函数自动添加的换行符
8  file.close()
```

控制台

白日依山尽，黄河入海流；
欲穷千里目，更上一层楼。
程序运行结束

文件的编码

如果文件中写的是汉字，有时候读取文件的内容会出现乱码，这是因为文件的编码格式不符合要求，我们可以用记事本打开文件后再次保存文件，并选择编码方式为 ANSI 格式。

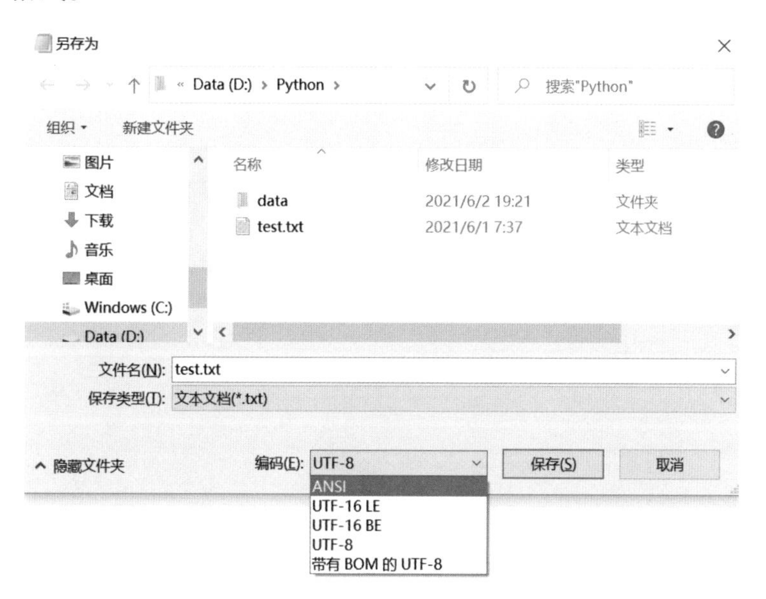

此时文件内的汉字就可以正常显示了。

打开文件的时候也可以指定当前文件所用的编码方式，打开的格式与文件的编码格式需保持一致，如文件“test.txt”保存为“UTF–8”格式，则打开文件的程序应按如下方式：

```
1  f = open("D:/python/test.txt",'r',encoding='UTF-8')
2  str1 = f.read()
3  print(str1)
4  f.close()
```

相对路径和绝对路径

前面我们打开文件的时候直接指定了打开“D:/Python/”目录下的“test.txt”文件，如果文件与程序文件放在同一个目录下，就可以不必写完整的目录。如，我们把程序文件保存在“D:/Python/”下，同时把“test.txt”也放到该目录下，尝试用两种不同的方式打开文件，编程示例：

```
1  f1 = open('D:/Python/test.txt')
2  str1 = f1.read()
3  print(str1)
4  f1.close()
5
6  f2 = open('test.txt')
7  str2 = f2.read()
8  print(str2)
9  f2.close()
```

控制台

```
123456
123456
程序运行结束
```

可以看到，两种方法都成功地打开并读取了文件内容。

如果把文件放在下一层目录，就可以从程序所在目录出发，直接写相对路径即可。

编程示例：把“test.txt”放在“data”目录下

程序改为：

```
f2 = open('data/test.txt')
```

如果要打开上层目录里的文件，可以用“..”来代表上一级目录。

编程示例：“test.txt”放在“D:/”目录下，程序就应该改成：

```
f2 = open('../test.txt')
```

注意：如果打开的文件不存在，或者路径写错了，程序会报错。

```
1  f = open('test2.txt')
2  str1 = f.read()
```

```
3  print(str1)
4  f.close()
```

控制台

```
Traceback (most recent call last):
  File "D:\Python 练习题 \ 第二册 \ 第 11 课 \ 练习 1.py", line 1, in <module>
    f = open('test2.txt')
FileNotFoundError: [Errno 2] No such file or directory: 'test2.txt'
程序运行结束
```

知识要点

1. open() 函数，打开文件，打开文件的常见模式有“r”“w”“a”。

2. read() 方法读取文件内容，默认读取文件全部内容，readline() 方法逐行读取文件内容。

3. close() 方法关闭文件。

4. encoding 参数，可以指定文件的编码格式。

5. 打开文件的绝对路径和相对路径的用法。

课堂练习

1. 在 Python 中进行文件处理时，用于关闭文件的方法是（　）。

A. open()　　B. write()

C. read()　　D. close()

2. 编写程序实现如下需求：

（1）在程序目录下新建一个文本文件，里面保存用户名和密码，用户名和密码在同一行用空格分隔。

（2）编写程序，从文本文件中读取用户名和密码保存在变量中，提示用户登录，判断用户输入的账号和密码是否正确，并将结果打印输出到控制台。

（3）手动修改文件中的密码，再次运行程序，看看新密码是否已经生效。

3. 自己在 D 盘新建一个文件，每一行写一个数字，共写入 5 个数字。然后写一个程序，打开文件并计算这 5 个数的和并将结果打印输出。

第 2 课　写文件

学习了读取文件后，我们希望能用程序修改密码，而不是打开文件后手动修改密码。如何将新密码写入文件并保存呢？

编程新知

写文件：write () 方法

write() 方法可以将字符串 string 写入文件中，语法格式如下：

```
file.write(string)
```

参数说明："file"为打开的文件对象；"string"为要写入的字符串。

write() 的操作方法与读取文件基本相同，只需要告诉 open() 函数以写的模式打开文件，open() 函数的第二个参数为字符"w"，编程示例：

```
1  f = open('D:/test2.txt','w')
2  f.write('654321')
3  f.close()
```

控制台

程序运行结束

此时，"D:/" 就会新增一个文件"test2.txt"，文件内容为"654321"。

学会了写文件操作后，我们就可以实现密码的修改和保存了。在程序目录下新建一个"userinfo.txt"用来保存密码，写一个完整的用户登录程序：如果登录成功，询问用户是否要修改密码，如果用户修改密码，则把新密码存入文件中。

```
1  f = open('userinfo.txt')
2  upsd = f.read()
```

```
3   f.close()
4   while True:
5       a = input('请输入密码')
6       if a == upsd:
7           print('登录成功')
8           print('请修改密码')
9           b = input('请输入新密码')
10          f = open('userinfo.txt','w')
11          f.write(b)
12          f.close()
13          break
14      else:
15          print('密码错误！')
```

控制台

```
请输入密码 654321
登录成功
请修改密码
请输入新密码 New2009Psd
程序运行结束
```

打开文件参数“w”和“a”模式区别

除了“r”和“w”，还有一种模式是“a”，追加模式。

用“w”模式打开文件后用 write() 方法写入内容，会覆盖原来文件的全部内容。而以 a 模式打开的文件，会在文件末尾追加写入的内容，编程示例：

（“test.txt”：文件内容“白日依山尽，黄河入海流。”）

```
1   file = open('test.txt','w')
2   file.write('欲穷千里目，更上一层楼。')
3   file.close()
4   file = open('test.txt','r')
5   print(file.read())
6   file.close()
```

控制台

```
欲穷千里目，更上一层楼。
程序运行结束
```

可以看到，文件中原有的“白日依山尽，黄河入海流。”被覆盖了。

若将参数“w”改为“a”，就不会覆盖原有内容了，编程示例：

（test.txt：文件内容“白日依山尽，黄河入海流。”）

```
1  file = open('test.txt','a')
2  file.write('欲穷千里目，更上一层楼。')
3  file.close()
4  
5  file = open('test.txt','r')
6  print(file.read())
7  file.close()
```

控制台

```
白日依山尽，黄河入海流。欲穷千里目，更上一层楼。
程序运行结束
```

上面的内容写入文件在同一行里，如果我们希望写入的内容能换行该如何处理呢？这时候可以用转义符“\n”，编程示例：

```
1  file = open('D:/Python/古诗.txt','a')
2  file.write("春晓\n")
3  file.write("春眠不觉晓，\n")
4  file.write("处处闻啼鸟。\n")
5  file.write("夜来风雨声，\n")
6  file.write("花落知多少。\n")
7  file.close()
```

在“D:/Python”目录下，生成了一个新的文件：“古诗.txt”。

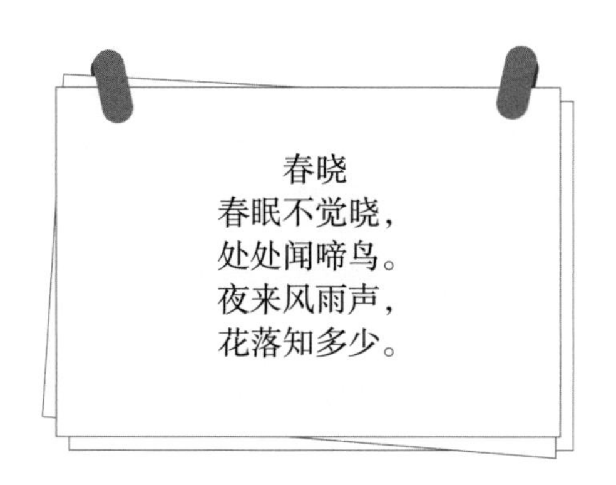

生活中有很多文件处理的场景，编程示例：

某车间主任把该车间所有员工的绩效记录在一个文本文件“绩效 .txt”中，格式如下：

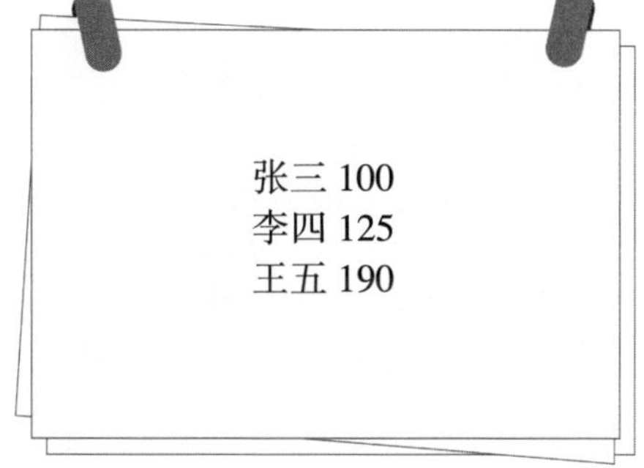

车间主任希望有一个程序能读取文件内容，根据员工完成的工作量自动计算工资。假设每个零件的计件工资是4.5元，请编写一个程序，读取车间主任的绩效文件，然后计算每个人的工资，并写入“工资 .txt”文件中。

```
1   # 读取绩效信息
2   f = open('d:/绩效.txt','r')
3   str1 = f.read()
4   f.close()
5
6   # 按行循环计算绩效工资
7   lst1 = str1.split('\n')  # 将文件内容按行拆分成列表 lst1
8   sresult =''
9   for i in lst1:
10      info1 = i.split(' ')  # 将单行内容按照空格再次分割为新列表 info1
11      name = info1[0]  # 获取列表中第一列姓名信息
```

```
        score = int(info1[1])  # 获取列表中第二列绩效信息
        salary = score * 4.5  # 计算绩效工资
        sresult += '%s  %d  %.2f\n'%(name,score,salary)

# 写入工资信息
f2 = open('d:/ 工资 .txt','w')
f2.write(sresult)
f2.close()
```

打开“工资 .txt”，可以看到如下信息：

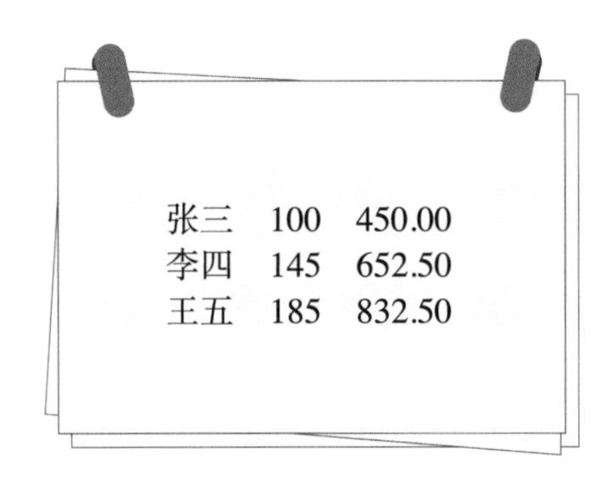

张三	100	450.00
李四	145	652.50
王五	185	832.50

知识要点

1. write() 方法的格式：file.write(string)

2. open() 函数的参数“w”和“a”的区别：“w”会覆盖原来内容，“a”会在文件末尾追加新内容。

课堂练习

1. 康康老师要将字符串的内容写入文件，写了下列程序。则空白①处应填写的是（　）。

```
file = open("message.txt",'w')
str1 = " 小明的语文成绩是 98 分 "
```

```
3  file. ① (str1)
4  file.close()
```

A．W　　　　B．w

C．write　　　　D．Write

2．用 write() 方法创建一个新文件，并写一首古诗。使用参数“a”模式在文件中再写入一首古诗。（提示：可以用“\n”实现换行写入。）

3. 趣味编程: 编写一个程序, 打开一个文件, 用一个循环写入数字 1 到 100000, 每一个数字占一行，看看程序需要写多长时间。

文件操作 seek () 方法

seek() 方法用于定位文件读写操作时的位置。

无论是读取文件还是写入文件，我们都需要知道当前打开文件的“光标”在什么位置，对于程序来说光标是看不见的，但是程序会记录当前读取的内容在整个文件中的位置，我们可以用 seek() 方法改变当前位置，0 代表文件开始，例如“D:/test.txt”文件的内容为“123456”，用 read() 方法直接读取，会读取整个文件的内容，如果我们只是想读取第 4 位以后的内容则可以借助 seek() 方法进行定位，编程示例:

```
1  f = open('d:/test.txt')
2  f.seek(4)
3  print(f.read())
4  f.close()
```

控制台

```
56
程序运行结束
```

第 3 课　多行文件操作

read() 方法会把整个文件内容全部读到一个字符串里，有时候还需要用 split() 方法做拆分，但是用 readlines() 方法，可以省略这一步，直接把每一行读取到列表中。

编程新知

读取多行：readlines () 方法

readlines() 方法的特点：一次性读取整个文件，自动将文件内容分析成一个行的列表，编程示例：

```
1  file = open('test.txt','r')
2  lst = file.readlines()
3  print(lst)
4  file.close()
```

控制台

```
['jiajia\n', '123456\n', '98\n', '99\n', '91']
程序运行结束
```

可以看到程序把“test.txt”文件中每一行作为列表的一个元素。

但是，行结尾处的换行符“\n”也读进来了，大家写程序的时候要注意这一点。

写入列表：writelines () 方法

用 writelines() 方法可以把多行字符串写入文件中，编程示例：

```
1  file = open ('test.txt','w')
2  s = ''' 春眠不觉晓，
3  处处闻啼鸟。
4  夜来风雨声，
5  花落知多少。'''
6  file.writelines (s)
7  file.close ()
```

“test.txt”文件打开内容：

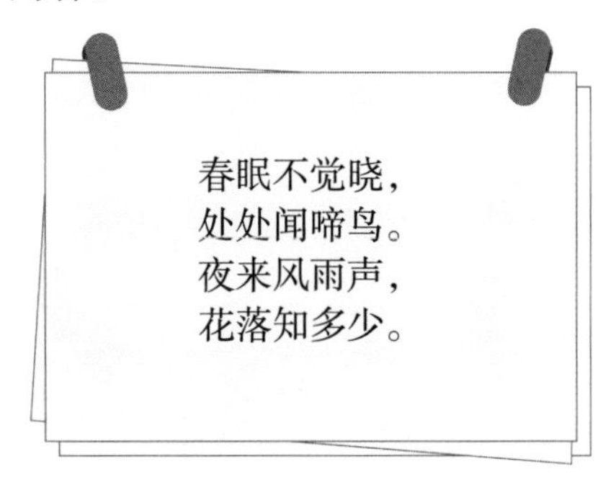

用 writelines() 方法也可以把列表里的内容全部写入文件中，编程示例：

```
1  file = open ('test.txt','w')
2  l = ['a','b','c']
3  file.writelines (l)
4  file.close ()
```

控制台
程序运行结束

此时打开文件“test.txt”内容如下：

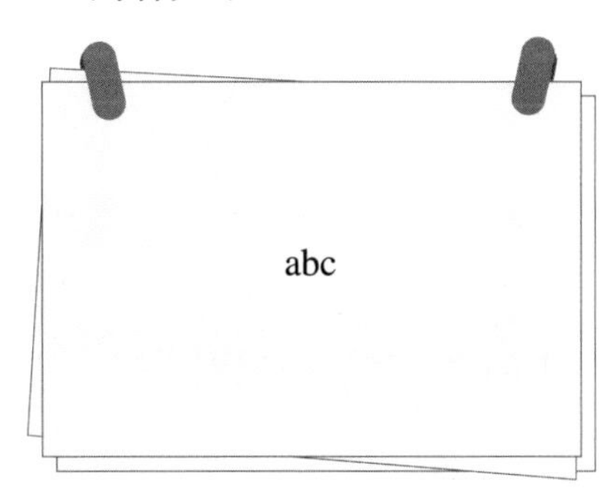

我们看到，writelines() 方法把列表中的内容全写到一行里了，因为列表的每个元素没有换行符“\n”。

eval() 函数妙用

eval() 函数是 Python 内置函数，可以将字符串转化为表达式参与运算。

我们如果想写入和读取完整的列表，readlines() 和 writelines() 处理起来就比较麻烦，此时我们可以配合使用 eval() 和 str() 函数使用。编程示例：

```
1  file = open('test.txt','w')
2  l = ['a','b','c']
3  file.write(str(l))  # str() 将列表转换成字符串再写入文件
4  file.close()
```

文件“test.txt”的内容：

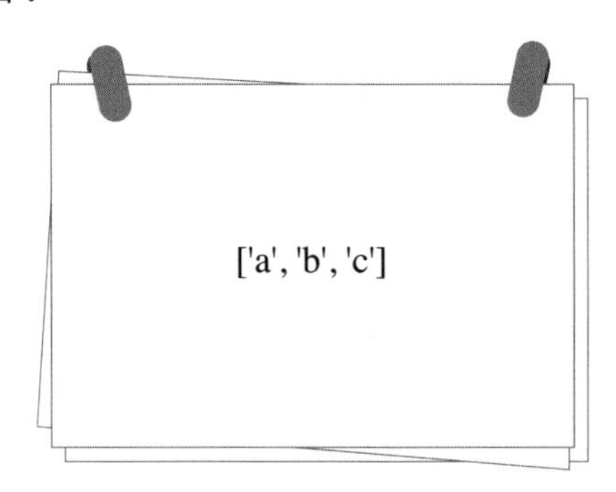

读取文件内容：

```
1  file = open('test.txt','r')
2  s = file.read()
3  lst = eval(s)
4  print(lst)
5  file.close()
```

控制台

```
['a','b','c']
程序运行结束
```

eval(s) 的作用是将文本中的字符串转化成列表。

知识要点

1. readlines() 方法：读取所有行，然后把它们作为一个字符串列表返回。

2. writelines() 方法：向文件写入字符串序列。

3. write() 方法：功能与 read() 和 readline() 对应，可以把文本内容或二进制内容写入文件中。

4. eval() 和 str() 函数：eval() 函数可以把字符串当表达式使用，str() 函数把一段表达式转换为一个字符串。

课堂练习

1. 下面是康康老师编写的一个程序，能够将列表的元素写入 txt 文件中。则下列程序中①处应该填写的是（　）。

```
1  print('\n"姓名","科目","成绩"')
2  file = open("message.txt",'w')
3  ls = ["小明","数学","100分"]
4  file.__①__(ls)
5  print("\n 录入一个学生成绩信息")
6  file.close()
```

A．writelines　　B．readlines

C．read　　D．write

2. 下列是康康老师编写的一个程序，能够将列表的元素写入 txt 文件中。则下列程序中①处应该填写的是（　）。

```
1  f1 = open("成绩信息.txt",'w')
2  lst = ["bob","排球","95分"]
3  f1.__①__(lst)
4  f1.close()
```

A．readline　　B．writelines

C．write　　　　D．readlines

3．文件 abc.txt 的内容如下所示。运行下列代码，输出的内容是（　）。

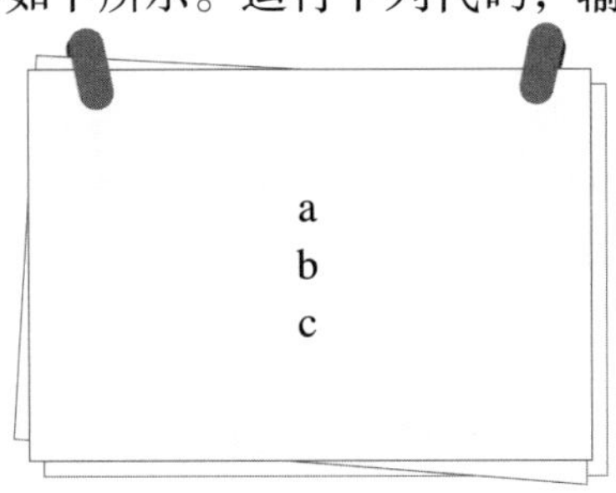


```
1  f = open("abc.txt")
2  for i in f:
3      print(i,end = "")
4  f.close()
```

A．abc　　　　B．a

C．无输出　　　　D．a
b
c

4．帮老师创建一个名为“学生信息 .txt”的文本文件。

（1）请用写入模式在 D 盘根目录下创建“学生信息 .txt”的文本文件，写入 5 个学生的信息，包括：姓名、性别、年龄、电话和家庭地址，每个信息之间用 tab 键分割，每个学生信息占一行。

（2）请新增一个学生信息，添加到这个文本文件的最后。

（3）请把“学生信息 .txt”文件的内容全部打印输出到控制台。

字符串的 replace() 方法

用 readlines() 方法读取列表中的文件内容，每个元素的最后都会多一个 '\n'，如果不妥善处理，会造成程序逻辑错误，编程示例：

文件内容为：

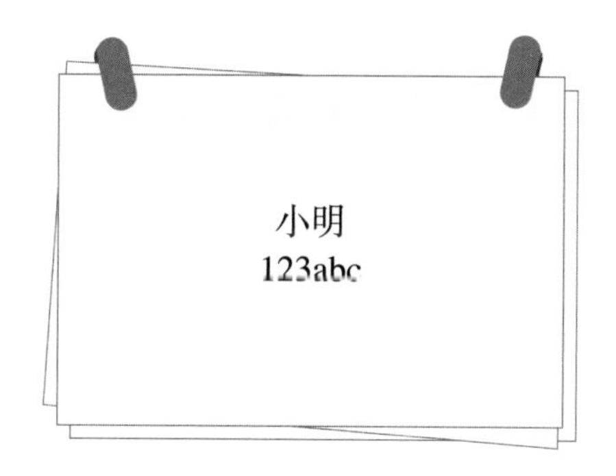

编写程序读取文件内容到列表中，判断用户输入是否正确：

```
1  f = open('password.txt')
2  lst = f.readlines()
3  f.close()
4  if input('请输入用户名')==lst[0]:
5      print('用户名正确')
6  else:
7      print('用户名错误')
```

你会发现即使输入了小明，程序依然提示用户名错误，这是因为 lst[0] 的内容为 " 小明 \n"，这个字符串与 " 小明 " 是不同的。为了解决这个问题，我们可以用字符串的 replace() 方法将 '\n' 替换成 ' '，replace() 方法用法如下：

```
new_str = str1.replace(str2,str3)
```

源字符串 str1 调用 replace() 方法，将字符串中的 str2 替换成 str3，并将替换后的结果返回给 new_str。

上述程序第 4 行改为：

```
if input('请输入用户名')==lst[0].replace('\n','')
```

即可正常工作。

单元练习

1．某小区的业主名单保存在文件“D:/ 业主 .txt”中，业主共有 240 户，文件编码格式为 UTF-8，文件格式如下：

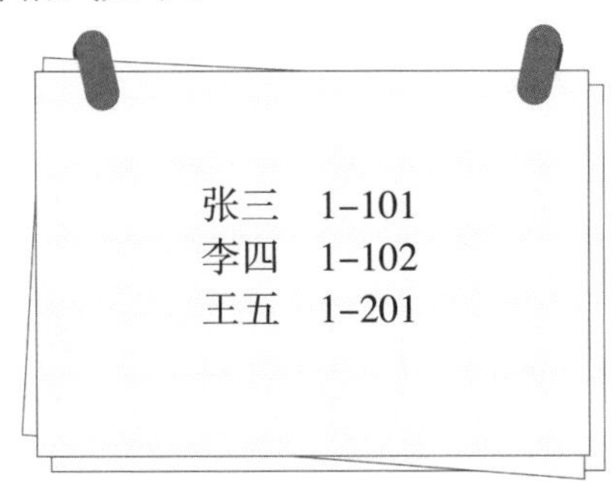
张三 1-101
李四 1-102
王五 1-201

为了防疫工作需要，需分批组织业主前往物业办公室注射疫苗，自 8 ：00 至 18 ：00 每小时接待不同批次业主，每批接待 20 户业主。现物业需要为每一户打印疫苗注射通知，格式如：

尊敬的业主张三：
　　请于 5 月 22 日 9 ：00 到物业办公室注射疫苗。
物业办公室
2021 年 5 月 21 日

尊敬的业主小明：
　　请于 5 月 22 日 10 ：00 到物业办公室注射疫苗。
物业办公室
2021 年 5 月 21 日

尊敬的业主加加：
　　请于 5 月 22 日 18 ：00 到物业办公室注射疫苗。
物业办公室
2021 年 5 月 21 日

请您帮助物业编写一个程序自动读取业主信息文件并生成通知书。

2．某学校 6 年级共有 25 个班，期末考试结束后，每个班的班主任将自己班学生的考试成绩写入文本文件中，文件名为“x 班成绩单 .txt”，如 1 班为“1 班成绩单 .txt”，13 班为“13 班成绩单 .txt”，文件格式如下：

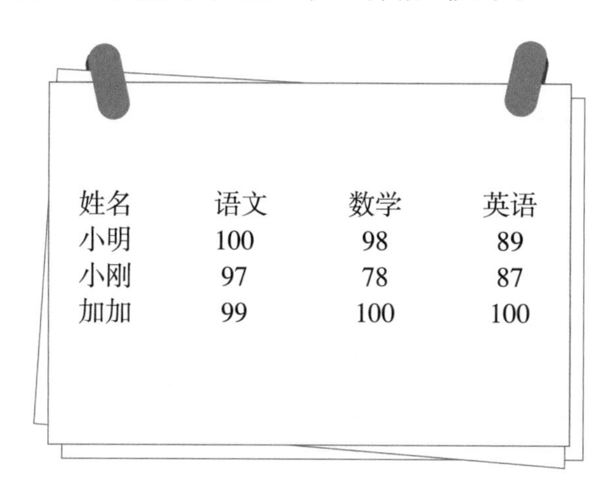

姓名	语文	数学	英语
小明	100	98	89
小刚	97	78	87
加加	99	100	100

25 个班的成绩单文件汇总到教务处后，教务处需要计算出全校总分最高分、全校语文最高分、数学最高分、英语最高分；全校平均分、语文平均分、数学平均分、英语平均分。教务处刘老师觉得工作量太大了，于是求助于会 Python 编程的你，请你帮刘老师编写一个程序快速准确地计算出上述结果，并将结果存放在“D:/6 年级成绩统计 .txt”文件中。

第二单元
自定义函数

没有合适的轮子吗?
那就自己发明一个新的。

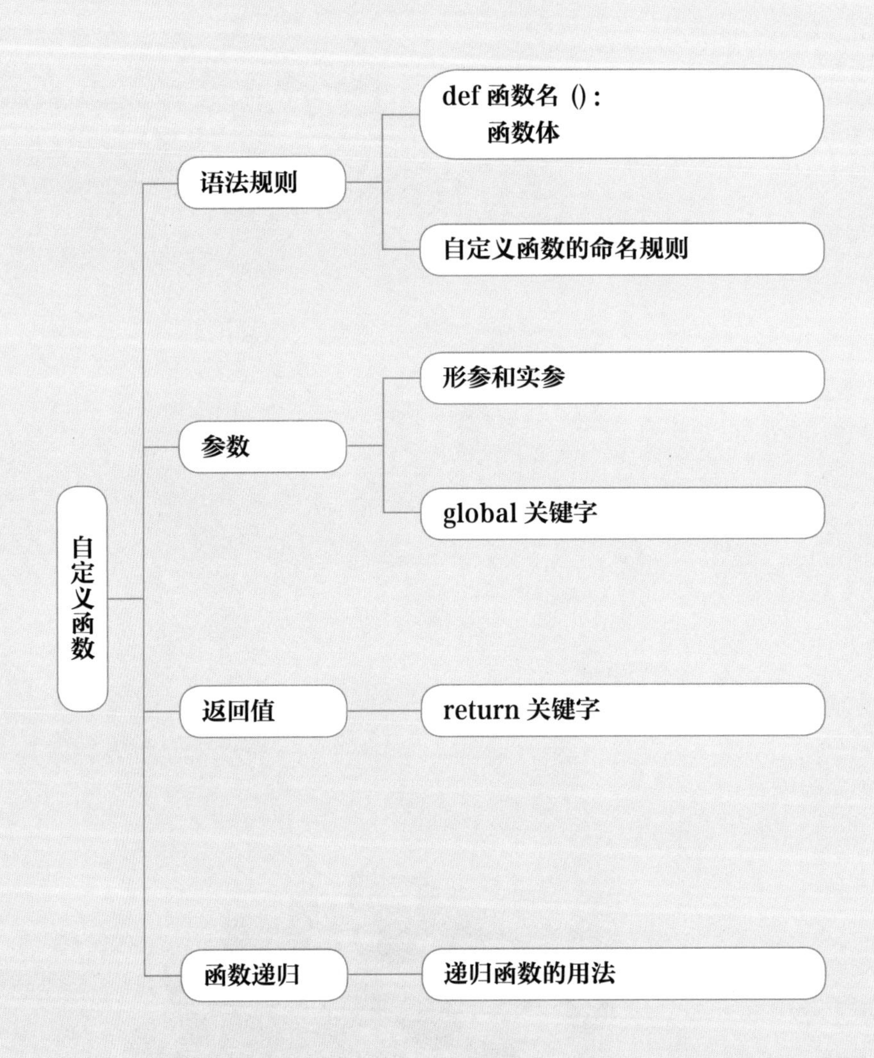

自定义函数
语法规则
def 函数名 ():
函数体
自定义函数的命名规则
参数
形参和实参
global 关键字
返回值
return 关键字
函数递归
递归函数的用法

第4课　自定义函数

同学们对函数已经不陌生了，像我们前面常用的 print()、input()、int()、sum()，以及海龟画图中常用的 forward()、left()、right() 等方法，它们各自都能实现不同的功能。但是有时候我们还希望有更多的不同功能的函数可供使用，此时就需要自定义函数。

编程新知

用海龟库画出如下形状：

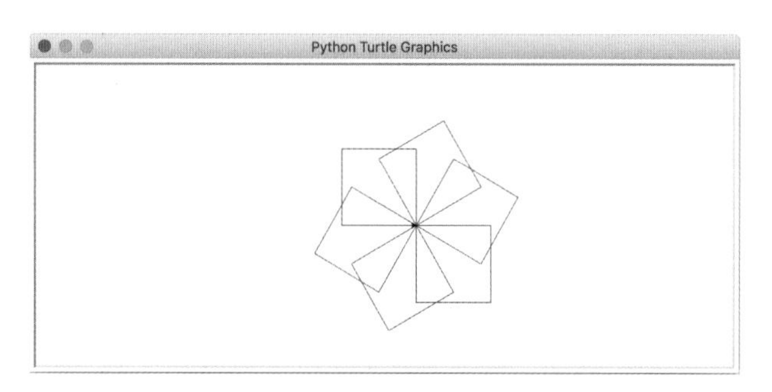

编程示例：

```
1  import turtle as t
2  for i in range(6):
3      for j in range(4):
4          t.fd(50)
5          t.rt(90)
6      t.rt(60)
7  t.done()
```

程序中第 3 到 5 行的功能就是画一个正方形，把这 3 行代码重复 6 次就可以画出 6 个正方形了。

假设有一个画正方形的函数 draw_rect()，我们的程序就可以改成这样：

```
1  import turtle as t
2  for i in range(6):
3      draw_rect()
4  t.rt(60)
5  t.done()
```

这样写出来的程序更容易理解。但是，海龟库中并没有提供这样的函数，怎么办呢？

自定义函数

今天我们来学习一项新技能，叫作自定义函数，利用这个技能，可以定义自己想要的函数。

编程示例：

```
1  import turtle as t
2  def draw_rect(): # 自定义函数 draw_rect()
3      for i in range(4):
4          t.fd(50)
5          t.rt(90)
6  # 循环 6 次调用 draw_rect() 函数
7  for i in range(6):
8      draw_rect()
9      t.rt(60)
10 t.done()
```

在这个程序中，我们自己定义了一个函数 draw_rect()，这个函数的作用是画一个正方形。自定义函数的结构语法如下：

```
def 函数名():
    函数体
```

说明：① def 关键字就是用来自定义函数的，“函数名”就是为自定义函数取一个名称。

②函数名后面必须有英文半角的括号和冒号。

③函数体的代码需要缩进。

④函数根据需要可以带参数。

⑤函数的命名规范和变量的命名规范一样，由字母、数字、下划线组成，但是不能以数字开头，不能包含下划线之外的特殊符号，字母区分大小写，不能与保留字冲突。

调用该函数的方法与调用 print()、input() 等函数的方法是完全一样的，如果需要参数就在括号内写上参数名。

我们一起定义一个函数 draw_rose()，它的功能是画出一朵玫瑰花：

```
1  import turtle as t
2  def draw_rose():    # 自定义函数 draw_rose
3      t.color('black','red')
4      t.begin_fill()
5      for i in range(20):
6          t.fd(i)
7          t.rt(80)
8      t.end_fill()
9  draw_rose()   # 主程序直接调用定义好的函数
10 t.done()
```

程序运行结果如下图：

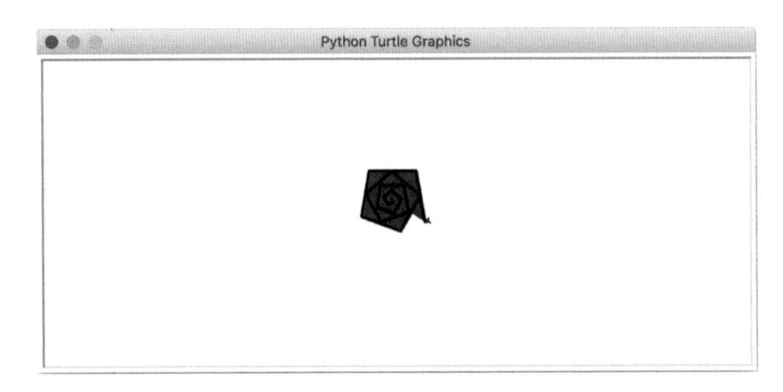

如果我们想在屏幕中画很多玫瑰，就可以多次调用这个函数了：

```
1  draw_rose()  # 第一朵玫瑰
2  t.penup()
```

```
3   t.goto(100,0)
4   t.pendown()
5   draw_rose() # 第二朵玫瑰
6   t.penup()
7   t.goto(200,0)
8   t.pendown()
9   draw_rose() # 第三朵玫瑰
10  t.done()
```

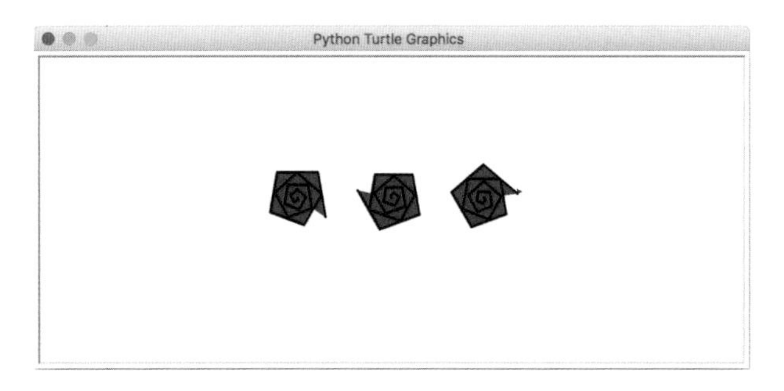

我们看到，定义成函数之后调用起来就方便多了。现在我们可以用前面写过的函数 draw_rect()、draw_rose() 再加上新写的 draw_triangle() 函数画出下面图形。

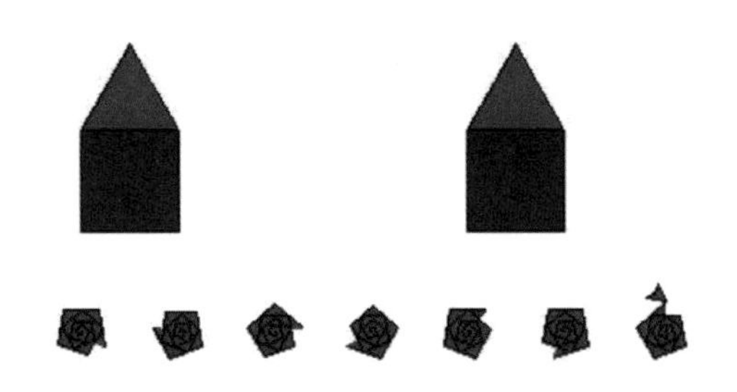

```
1   import turtle as t
2   # 自定义画正方形函数
3   def draw_rect():
4       t.color('black','blue')
5       t.begin_fill()
6       for i in range(4):
7           t.fd(50)
8           t.rt(90)
```

```
9       t.end_fill()
10  # 自定义画玫瑰函数
11  def draw_rose():
12      t.color('black','red')
13      t.begin_fill()
14      for i in range(20):
15          t.fd(i)
16          t.rt(80)
17      t.end_fill()
18  # 自定义画三角形函数
19  def draw_triangle():
20      t.color('black','red')
21      t.begin_fill()
22      for i in range(3):
23          t.fd(50)
24          t.lt(120)
25      t.end_fill()
26  # 调用上述 3 个函数画出自己的图形
27  draw_rect()
28  draw_triangle()
29  t.penup()
30  t.goto(200,0)
31  t.pendown()
32  draw_rect()
33  draw_triangle()
34  for i in range(0,301,50):
35      t.penup()
36      t.goto(i,-100)
37      t.pendown()
38      draw_rose()
39  t.done()
```

请同学们发挥想象力，看看用这些函数还能画出哪些图形。

知识要点

1. 自定义函数的语法格式：

```
def 函数名():
    函数体
```

2. 自定义函数的命名规范和变量命名规范相同。

3. 调用自定义函数的方法与之前调用函数的方法完全相同。

课堂练习

1. 下列选项中能作为自定义函数名的是（　　）。

A. cunfy()　　B. sorted()

C. def()　　D. 5_dit()

2. 编写一个绘制五角星的函数，边为黄色，填充红色。调用五角星函数画出美丽的夜空。

3. 请编写程序绘制如下图形：

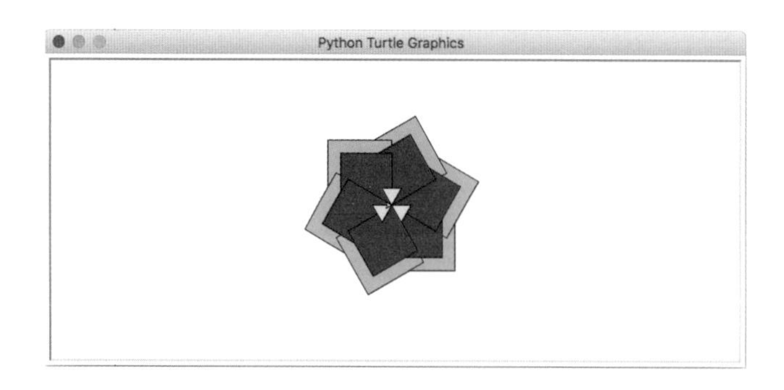

什么叫重新发明轮子?

重新发明轮子指的是在前人已经发明了车轮的情况下自己又重新研究，再一次发明了功能相同的轮子，比喻做了重复性的无用的工作。

在计算机编程语言中，Python 语言自带了很多函数，我们可以直接拿来使用，而无须自己花时间再写一遍了，这样就能在前人的基础上把软件功能逐渐做到越来越强大。

Python 语言之所以广受欢迎，一个重要的原因是世界各地的 Python 语言爱好者为大家编写了很多功能强大的函数或库（如 turtle 库），这些功能都经过严格的测试并已被全世界广大用户使用多年，具有可靠性，所以如果有现成的库可以使用，我们应尽量避免自己重新发明轮子。

但是有时候我们需要的函数别人并没有写过，这就需要我们自己写出来，发布后也能给别人使用。

第 5 课　自定义函数的参数和返回值

上节课我们自己定义的函数只能完成单一功能，draw_rect() 函数只能画边长为 50 的正方形，而我们以前学过的 circle() 函数，输入不同的参数就能画出不同大小的圆。能不能让 draw_rect() 函数也具备参数，通过改变参数来画出大小不同的正方形呢？

编程新知

函数的参数

我们在自定义函数的时候也可以指定这个函数需要传入参数。

编程示例：

```
1  def draw_rect(a): # a 是参数
2      t.color('black','blue')
3      t.begin_fill()
4      for i in range(4):
5          t.forward(a)  # 在函数体内可以把 a 作为变量来使用
6          t.right(90)
7      t.end_fill()
```

定义函数的时候，在括号里的 a 叫作参数，也叫形参，形参可以在函数体内使用，虽然这个参数现在还没有具体的数值，但我们可以把它当作未来会有值的变量来用。这个变量的值到底等于多少就要看调用函数时传入的数值了。调用函数时传入的值叫作实参。编程示例：

```
draw_rect(60)
```

这里的“60”就是实参。

定义函数时的参数数量不受限制，我们可以根据需要来定义。在调用函数的时候参数数量要与定义函数的参数数量相同，参数的顺序也要一致。

以 draw_rect() 函数为例，我们传入 3 个参数，第一个代表长，第二个代表宽，第三个代表颜色。

于是函数就可以这么写：

```
1  import turtle as t
2  def draw_rect(a,b,color):
3      t.color('black',color)
4      t.begin_fill()
5      for i in range(2):
6          t.fd(a)
7          t.rt(90)
8          t.fd(b)
9          t.rt(90)
10     t.end_fill()
11 # 调用这个函数，可以画不同长度不同颜色的矩形了
12 draw_rect(50,25,'red')
13 t.goto(0,25)
14 draw_rect(50,25,'green')
15 t.goto(0,50)
16 draw_rect(50,25,'blue')
17 t.goto(0,75)
18 draw_rect(50,25,'yellow')
19 t.goto(50,75)
20 draw_rect(25,25,'orange')
21 t.goto(50,50)
22 draw_rect(25,25,'pink')
23 t.goto(50,25)
24 draw_rect(25,25,'purple')
25 t.goto(50,0)
26 draw_rect(25,25,'cyan')
```

```
27 t.hideturtle()
28 t.done()
```

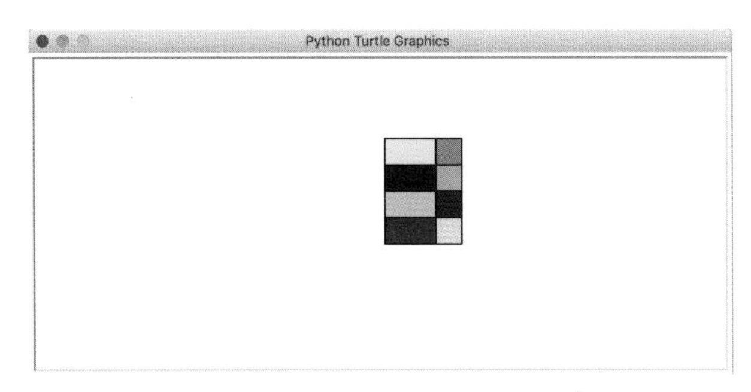

学会了这个功能，我们就可以把很多功能封装成函数了，例如 print() 函数，只能单纯地输出一行文字，为了美化输出，我们可以定义一个函数 my_print()：

```
1 def my_print(s):
2     print('_'*50)
3     print()
4     print(s)
5     print('_'*50)
6 my_print('欢迎来到 Python 的世界')
```

```
控制台
__________________________________________________

欢迎来到 Python 的世界
__________________________________________________
程序运行结束
```

return 返回值

我们之前用过很多函数，有的有返回值，有的没有，像 print() 函数以及海龟库里的 fd()、lt() 等函数都没有返回值，而一些计算类的函数通常都有返回值，像 sum()、max()、int() 等，都需要计算完毕后把结果返回给一个变量，以便后续计算。

语法格式：

```
return [返回值或表达式]
```

不带返回值的 return 相当于返回 None。

编程示例：

```
1  def sum(a,b):
2      c = a + b
3      return c
4  n = sum(4,5)
5  print(n)
```

控制台

```
9
程序运行结束
```

return 语句一旦被执行，函数就会立即停止执行并返回结果。

编程示例：

```
1  def sum(a,b):
2      c = a + b
3      return c
4      print('我执行到这里了')
5  n = sum(4,5)
6  print(n)
```

控制台

```
9
程序运行结束
```

可以看到，函数内的 print 语句并没有被执行。

return 返回多个值

return 可以返回多个结果，多个结果用逗号分隔。

```
1  def cal(x,y):
2      a = x + y
3      b = x * y
4      return a,b
5  r = cal(3,4)
```

```
6  print('两个结果是：',r)
7  print('第一个结果：',r[0])
8  print('第二个结果：',r[1])
```

控制台

```
两个结果是：（7，12）
第一个结果：7
第二个结果：12
程序运行结束
```

我们也可以用多个变量来接收返回值，如：

```
1  r1,r2 = cal(3,4)
2  print(r1,r2)
```

控制台

```
7 12
程序运行结束
```

知识要点

1. 函数的参数：定义函数时，参数用变量来表示，这个变量会在函数被调用时赋值。

形参：定义函数时的参数叫作形参。

实参：实际调用函数时传入的值叫作实参。

2. return 结束函数，选择性地返回一个值给调用者。

3. return 可以返回多个值，返回的值被封装成元组，我们可以直接用多个变量来接收这个元组的元素。

课堂练习

1. 下面程序的执行结果是（　　）。

```
1  def cal():
2      a = 5
3      b = 2
```

```
4        a = a + b
5        b = a + b
6        return b
7    print(cal())
```

A．9　　　　B．7

C．10　　　　D．25

2．下列关于函数的说法，不正确的是（　　）。

A．在 Python 中，我们可以自定义函数

B．若函数需要设置返回值，可以使用 return 语句

C．函数可以没有函数名

D．函数可以重复进行调用

3．执行下列程序，输出的结果是（　　）。

```
1    def fcun(x,y):
2        z1 = x + y * 2
3        b = z1 * 2 - x
4        return b - z1
5    print(fcun(17,7))
```

A．17　　　　B．31

C．10　　　　D．14

4．执行下列程序，输出的内容是（　　）。

```
1    def my_sort(m,n):
2        if m >= n:
3            return n,m
4        else:
5            return m,n
6    m,n = my_sort(10,15)
7    print(m)
```

A．10　　　　B．15

C．25　　　　D．10，15

5．执行下列程序，输出的结果是（　　）。

```
1  def fac(m,n):
2      a = m + n
3      b = m * n
4      return a,b
5  print(fac(3,7))
```

A. （10，21）　　B. （0，2）

C. （10，31）　　D. （10，32）

6. 执行下列程序，输出的结果是（　）。

```
1  import math
2  def quadratic(a,b,c):
3      key = b ** 2 - 4 * a * c
4      if key > 0:
5          x1 = (-b + math.sqrt(key))/2 * a
6          x2 = (-b - math.sqrt(key))/2 * a
7          return(round(x1,1),round(x2,1))
8      if key == 0:
9          x1 = round(-b / 2 * a,2)
10         return(x1)
11     if key < 0:
12         return('none')
13 print((quadratic(3,3,1)))
```

A. –3，0　　B. 0，50

C. –0，50　　D. none

参数的默认值

如果我们希望某个参数是可选的，用户调用的时候如果不传实参过来就用默认值，就可以在定义函数的时候指定默认值，编程示例：

```
1  import turtle as t
2  def draw_triangle(a,c='red'):
3      t.color('black',c)
4      t.begin_fill()
5      for i in range(3):
6          t.fd(a)
7          t.lt(120)
8      t.end_fill()
9  draw_triangle(100)
```

定义函数时有两个参数，但是调用函数时我们只传入了一个参数，Python会自动把第二个参数c默认为“red”来使用。

命名参数

调用函数时，有两种方法把实参赋值给形参，一是按顺序依次赋值，二是按名字赋值，比如上面的函数，我们可以这样调用：

```
1  draw_triangle(c='green',a=50)
```

采用命名传参的方法，可以打乱参数顺序。

可变参数

我们知道print()函数可以传入无限多个参数，如果我们也想定义不限制数量的参数，应该怎么做呢？

这时候我们就需要定义可变参数，编程示例：

```
1  def my_print(*s):
2      print('_'*50)
3      for i in s:
4          print(i,end='')
5          print()
```

```
6        print('_'*50)
7    my_print('hello,my name is','harry')
```

控制台

```
__________________________________________________
hello,my name is harry
__________________________________________________
程序运行结束
```

从程序中可以看出，定义形参的时候用“*”来表示这个参数是可变参数，函数体中使用的时候是以元组的形式储存的。所以可以在函数中根据需要取用，可以传入不确定数量的实参了。

第 6 课　命名空间和作用域

在一些大型项目中，几乎都是团队协同开发系统。如果大家编写的程序放在同一个目录下，定义的变量名或者函数名可能相同，那我们在调用的时候就会出现冲突，同时也不利于项目管理。

编程新知

命名空间提供了一种在项目中避免名字冲突的方法。各个命名空间是独立的，没有任何关系。一个命名空间中不能有重名，但不同的命名空间可以重名。我们可以这样理解：计算机里面的一个命名空间就可以当作一个文件夹，里面可以有很多不同的文件，但是文件名不能相同；而相同名称的文件可以放在不同的文件夹中。

命名空间

命名空间（namespace）是从名称到对象的映射，大部分的命名空间都是通过字典来实现的。

Python 中有 3 种命名空间：

内置名称（built-in names）： Python 语言内置的名称，比如函数名 str()、int()、print()、Exception 等。

全局名称（global names）： 程序及模块中定义的名称，记录了模块的变量，包括函数、类、其他导入的模块、模块级的变量和常量。

局部名称（local names）： 函数中定义的名称，记录了函数的变量，包括函数的参数和局部定义的变量。

命名空间

命名空间使用顺序

我们使用某个变量时，Python 调度变量的命名空间有优先顺序，依次为：局部命名空间 ⟶ 全局命名空间 ⟶ 内置命名空间。如果查不到，Python 将报错提示。

作用域

作用域就是一个 Python 程序可以直接访问命名空间的正文区域。

在一个 Python 程序中，直接访问一个变量，会从内到外依次访问所有的作用域，程序的变量并不是在哪个位置都可以访问的，访问权限取决于这个变量是在哪里创建的。

变量的作用域决定了在哪一部分程序可以访问哪个特定的变量名称。Python 的作用域一共有 4 种。

Python 有四种作用域：

局部作用域（Local）：最内层，包含局部变量，比如我们自己定义一个函数或方法内部。

嵌套作用域（Enclosing）：比如两个嵌套函数，一个函数（或类）A 里面又包含了一个函数 B ，那么对于 B 中的名称来说 A 中的作用域就是嵌套作用域。

全局作用域（Global）：当前执行程序的最外层以及程序中导入当前模块的全局变量。

内置作用域（Built-in）：包含了内建的变量 / 关键字等。

作用域也有优先顺序：局部作用域⟶嵌套作用域⟶全局作用域⟶内置作用域，其关系已如下：

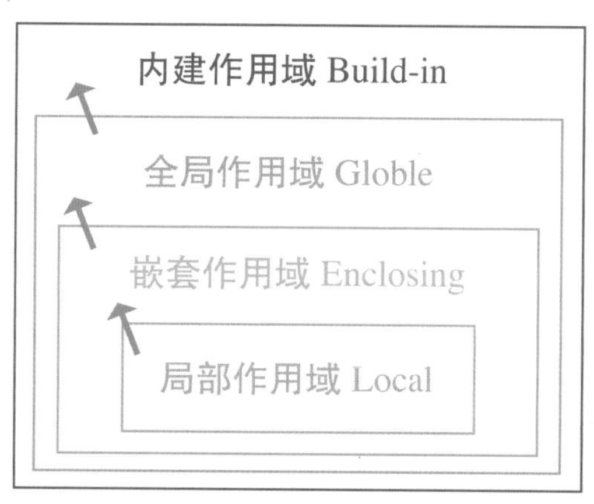


```
1  g_num = 0  # 全局作用域
2  def outer_func():
3      o_num = 1  # 非全局，嵌套作用域
4      def inner_func():
5          i_num = 2  # 局部作用域
```

全局变量和局部变量

定义在函数内部的变量拥有一个局部作用域，定义在函数外的变量拥有全局作用域。变量根据它的作用域，也可以分为局部变量和全局变量。

局部变量：定义函数的时候，函数体内也可以定义变量来使用，这种变量叫作局部变量，它的有效范围仅限于该函数内。

编程示例：

```
1  def func():
2      c = 12  # 函数内创建局部变量 c
3  func()
4  print(c)  # 此代码有错，变量 c 在函数体内部，只能在函数体内使用。
```

控制台

```
Traceback (most recent call last):
  File "C:\Users\ADMINI~1\AppData\Local\Temp\codemao-AC5Gp7/temp.py", line 5, in <module>
  print(c)
NameError: name 'c' is not defined
程序运行结束
```

c 在函数内定义，在函数外调用程序就报错了。

全局变量：在定义函数之外声明的变量，在整个程序中均可使用，这种变量叫作全局变量。

```
1 def func ( ) :
2     d = c + 1  # 局部变量 d
3     print (d)
4 c = 12  # 全局变量 c
5 func ( )
```

控制台

```
13
程序运行结束
```

在函数内使用全局变量时只能读取它的值，不能改变其值。

编程示例：

```
1 def func ( ) :
2     c += 1
3     print (c)
4 c = 12
5 func ( )
```

控制台

```
Traceback (most recent call last):
  File "D:\Python 练习题 \ 例 .py", line 6, in <module>
    func()
  File "D:\Python 练习题 \ 例 .py", line 2, in func
    c+=1
UnboundLocalError: local variable 'c' referenced before assignment
程序运行结束
```

如果在函数体内重新给全局变量赋值会怎么样呢？

```
1  def func():
2      c = 1          # 局部变量
3      print('函数内',c)
4  c = 12        # 全局变量
5  func()
6  print('函数外',c)
```

控制台

函数内 1
函数外 12
程序运行结束

可以看出，函数内的变量 c=1 被认为是重新声明了一个局部变量，它的值发生改变并不会影响函数外的变量 c。

global 关键字

有时候我们需要在函数内部使用函数外部的变量，那该怎么办呢？

这就要用到一个 global 关键字。

编程示例：

```
1  def func():
2      global c # 关键字 global 把局部变量变为全局变量
3      c = 1
4      print('函数内',c)
5  c = 12
6  func()
7  print('函数外',c)
```

控制台

函数内 1
函数外 1
程序运行结束

通过 global 关键字声明局部变量 c 的作用域为全局作用域，这样在函数内的变量就可以当作全局变量来使用了。

全局变量如果是简单数据类型 int、float、str，需要用 global 关键字声明为全局变量，如果变量是组合数据类型 list，则不用声明，可以直接使用。

```
1  def func():
2      lst.append(4)
3      print('函数内',lst)
4  lst = [1,2,3]
5  func()
6  print('函数外',lst)
```

控制台

```
函数内 [1, 2, 3, 4]
函数外 [1, 2, 3, 4]
程序运行结束
```

知识要点

1. 命名空间共有 3 种：内置名称命名空间、全局名称命名空间、局部名称命名空间。

2. 作用域就是一个 Python 程序可以直接访问命名空间的正文区域。有 4 种：局部作用域、嵌套作用域、全局作用域和内置作用域。

3. 局部变量：函数体内定义的变量。

4. 全局变量：函数体外定义的变量。

5. global 关键字：可以将局部变量变为全局变量。

课堂练习

1. 下列选项中，用于定义“全局变量”的关键字是（　）。

A. global　　　B. def

C. class　　　D. max

2. 执行下列程序，输出的结果是（　　）。

```
1  total = 0
2  def calc(arg1,arg2):
3      total = arg1 + arg2
4      return total
5  print(calc(10,20),total)
```

A. 0　0　　　　B. 30　0

C. 30　30　　　D. 0　30

3. 执行下列程序，输出的结果是（　　）。

```
1  total = 0
2  def sum(arg1,arg2):
3      global total
4      total = arg1 + arg2
5      return total
6  print(sum(10,20),total)
```

A. 0　0　　　　B. 30　0

C. 30　30　　　D. 0　30

4. 执行下列程序，输出的结果是（　　）。

```
1  total = 0
2  def sum1(arg1,arg2):
3      global total
4      total = arg1 + arg2
5      return total
6  def sum2():
7      total = 0
8      total = total + 1
9      return total
10 print(sum1(10,20),sum2())
```

A. 30　31　　　B. 30　0

C. 30　1　　　　D. 0　1

5．下列选项不属于 Python 命名空间（NameSpace）的是（　）。

A．内置名称　　B．全局名称

C．局部名称　　D．随机名称

6．下面程序的执行结果是（　）

```
1  a = 0
2  def my_sum(x,y):
3      a = x + y
4      return a
5  print(my_sum(1,20),a)
```

A．20　0　　B．20　20

C．21　30　　D．21　0

7．下面程序的运行结果是（　）。

```
1  def changeme(mylist):
2      mylist.append([1,2,3,4])
3      print(mylist)
4  mylist = [10,20,30]
5  changeme(mylist)
```

A．[10,20,30,[1,2,3,4]]　　B．[10,20,30],[1,2,3,4]

C．[10,20,30,1,2,3,4]　　D．[11,22,33]

8．分别运行两个程序，输出的结果分别是（　）。

```
1  # 程序 1
2  def n_test(n) :
3      for i in range(n) :
4          a += i
5      return a
6  a = 1
7  print(n_test(3))
```

```
1  # 程序 2
2  def n_test(n):
```

```
3        global a
4        for i in range(n) :
5            a += i
6        return a
7    a = 1
8    print(n_test(3))
```

A．程序 1：1　程序 2：1　　　　B．程序 1：1　程序 2：4

C．程序 1：程序报错　程序 2：4　D．程序 1：4　程序 2：程序报错

列表变量引用

简单数据类型和复杂数据类型的引用方法是有区别的，对于简单数据类型 int、float、str 来说直接在内存中存储其数值。而对于复杂数据类型如 list 来说，变量名指的是这个列表的引用。我们可以尝试运行下面的代码：

```
1    a = 1
2    b = a
3    b = 2
4    print(a,b)
5    list1 = [1,2,3]
6    list2 = list1
7    list2.append(4)
8    print(list1,list2)
```

控制台

```
1 2
[1, 2, 3, 4] [1, 2, 3, 4]
程序运行结束
```

通过这个程序我们可以看出，list1 和 list2 其实是同一个对象。而 a 和 b 则是两个互不相干的变量。

第7课　函数的递归

我们学习过自定义函数了，现在可以学习一个重要的编程思想，就是递归算法，它的思想是：把规模大的、较难解决的问题变成规模较小的、易解决的同一问题。规模较小的问题又变成规模更小的问题，并且小到一定程度可以直接得出它的解，从而得到原来问题的解。

编程新知

简单来说，函数的递归就是在函数内部自己调用自己的一种思想方法。

我们可以做一个实验：

```
1  import time
2  def egg():       # 定义 egg() 函数
3      print('生了个新鸡蛋')
4      time.sleep(3)
5      print('孵出小鸡了')
6      time.sleep(3)
7      print('小鸡要生蛋了')
8      egg()    # 函数体内部自己调用自己
9  egg()   # 开始调度使用 egg() 函数
```

控制台

```
生了个新鸡蛋
孵出小鸡了
小鸡要生蛋了
生了个新鸡蛋
```

控制台

```
孵出小鸡了
小鸡要生蛋了
生了个新鸡蛋
孵出小鸡了
小鸡要生蛋了
```

我们看到，递归的思想是把复杂问题分解成小问题来解决。

编程示例：求 10*9*8……*2*1 的值。

我们之前用循环也能解决这个问题，如果换作用函数来解决，我们可以这样写：

```
1  def cal(n):
2      if n == 1:
3          return 1
4      return n * cal(n - 1)
5  m = cal(10)
6  print(m)
```

控制台

```
3628800
程序运行结束
```

递归函数的优点是定义简单，逻辑清晰。理论上，所有的循环都可以用递归来替代。如：计算 1 到 100 的数字相加之和，通过循环和递归两种方式实现：

```
1  # 循环方式求和
2  def sum_cycle(n):
3      total_sum = 0
4      for i in range(1,n + 1) :
5          total_sum += i
6      print(total_sum)
7
8  # 递归方式求和
9  def sum_recu(n):
10     if n > 0:
11         return n + sum_recu(n - 1)    # 自己调用自己，每次更进一层递归
```

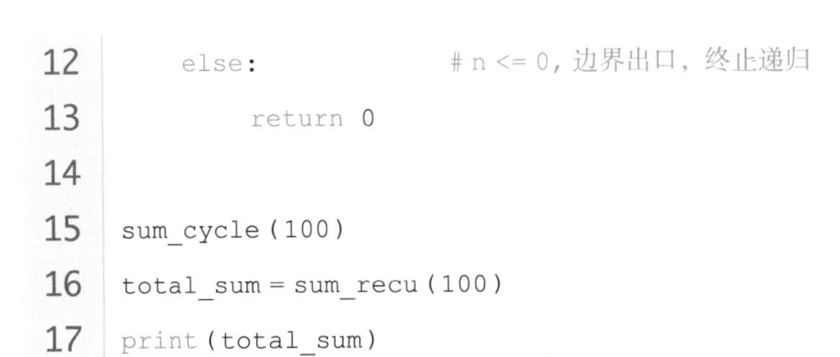

```
12        else:              # n <= 0, 边界出口，终止递归
13            return 0
14
15    sum_cycle(100)
16    total_sum = sum_recu(100)
17    print(total_sum)
```

控制台

```
5050
5050
程序运行结束
```

我们看到，递归函数的特点：

1. 必须有一个明确的结束条件。

2. 每次进入更深一层递归时，问题规模相比上次递归都应有所减少。

3. 相邻两次重复之间有紧密的联系，前一次要为后一次做准备（通常前一次的输出就作为后一次的输入）。

4. 递归效率不高，递归层次过多会导致栈溢出。

递归很难理解，但是递归功能很强大，有的难题用循环无法解决，只能用递归，比如想找出所有的排列组合的可能性，或者找出从 A 点到 B 点所有可能的路径。

我们来做一个练习：

一只小青蛙在练习跳台阶，它每次可以跳 1 级台阶，也可以跳 2 级台阶 ...... 也可以跳 n 级台阶，请问它跳上一个 n 级的台阶共有多少种跳法？

编写一个程序，输入台阶的阶数 n，输出青蛙跳上台阶的跳法共有多少种？

分析：这个问题用循环来做很难，没什么思路，但是用函数的递归就会很简单，我们假设有一个函数 f(n), 这个函数能求解 n 级台阶总共有多少种跳法，对于青蛙来说第一步可以跳 1 级，然后剩下的 n–1 级台阶跳法留给函数 f(n–1) 去解决。如果第一次跳 2 级，那剩下的 n–2 级台阶交给函数 f(n–2) 去解决，以此类推，一直到第一次跳 n–1 级，那剩下的 1 级台阶就无须让函数去求解了，因为只有一种跳法，第一次跳 n 级，则剩下 0 级台阶，也只有一种跳法。

所以我们可以写一个程序：

```
1  def f(n):
2      if n == 0:
3          return 1
4      if n == 1:
5          return 1
6      if n > 1:
7          pass # 暂时不知道有多少种跳法
8
9  c = 0
10 n = int(input())
11 for i in range(0,n):
12     # 我们用变量 i 来表示第一次跳完了之后还剩余多少台阶
13     c += f(i)
14     # 把所有情况加起来，就是总的跳法了
15 print(c)
```

这个程序还没写完，因为在函数 f(n) 中，剩余台阶 0 和 1 时我们可以直接求出答案，但大于 1 时我们仍需要计算。假设剩余的是 3 级，那剩余的台阶中第一次仍然有 3 种跳法，所以在函数中我们还需要继续写循环，并调用自己来求跳完第一次之后还有多少种跳法。

```
1  def f(n):
2      if n == 0:
3          return 1
4      if n == 1:
5          return 1
6      c1 = 0
7      for i in range(0,n):
8          c1 += f(i)
9      return c1
10
11 c = 0
```

```
12  n = int(input())
13  for i in range(0,n):
14      # 我们用变量 i 来表示第一次跳完了之后还剩余多少台阶
15      c += f(i)
16      # 把所有情况加起来，就是总的跳法了
17  print(c)
```

仔细研究后我们发现，第一次跳的循环其实完全可以用 f(n) 来做，而且 “n==1” 时，仍然可以继续让程序去求解，我们没必要直接写出答案。于是程序简化为：

```
1   def f(n):
2       if n == 0:
3           return 1
4       c1 = 0
5       for i in range(0,n):
6           c1 += f(i)
7       return c1
8
9   n = int(input())
10  print(f(n))
```

我们再来看一个例子：小明在过年的时候，让妈妈在正月初一给自己 1 元压岁钱，正月初二给 2 元压岁钱，正月初三给自己 4 元压岁钱……妈妈给的压岁钱每一天都是前一天的 2 倍，请计算妈妈正月三十要给小明多少压岁钱？

同学们在计算之前可以猜一猜结果。我们用递归的方法来解决这个问题就比较简单了。

```
1   def money_func(n): # 定义函数
2       if n == 1:
3           return 1 # 正月初一压岁钱 1 元
4       else:
5           return 2 * money_func(n - 1) # 每天是前一天的 2 倍
6
7   total = money_func(30) # 第 30 天压岁钱
```

```
8   print("第 30 天的压岁钱:",total)
```

控制台

第 30 天的压岁钱 : 536870912
程序运行结束

知识要点

递归思路:

(1)找重复:看哪一部分是实现函数的自我调用;每次进入更深一层递归时,问题规模相比上次递归都应有所减少。

(2)找变化:变化的量应该作为参数。

(3)找边界(出口):终止条件。

课堂练习

1. 下面程序的运行结果是(　　)。

```
1   def func(n):
2       if n < 1:
3           return n
4       else:
5           return(func(n - 1) - func(n - 2))
6   print(func(6))
```

A. 6　　　　B. 3

C. 0　　　　D. 1

2. 运行如下程序

```
1   def rvs(s):
```

```
2    if s == 5:
3        return s
4    else:
5        return rvs(s - 1)
6 s1 = int(input())
7 print(rvs(s1))
```

若输入：

5

则输出的值为（　）。

A. 0　　B. 5

C. 6　　D. 7

3. 执行下列程序，输出的结果是（　）。

```
1 def Hi(x):
2     if x <= 2:
3         return 1
4     elif x == 3:
5         return 2
6     else:
7         return(Hi(x - 1) + Hi(x - 3))
8 print(Hi(8))
```

A. 3　　B. 6

C. 11　　D. 13

4. 执行下列程序，输出的结果是（　）。

```
1 def fy(y):
2     if y <= 2:
3         return 2
4     return(y + fy(y - 1))
5 print(fy(2))
```

A. 2　　B. 4

C. 6　　D. 8

5. 运行下列程序，输出的内容是（　　）。

```
1  lst = [1,5,6,9,4,7]
2  def func(n):
3      for i in range(len(lst)):
4          if n == lst[i]:
5              return 1
6          elif n == 0:
7              return 0
8          else:
9              return(func(n - 1) - 2)
10 print(func(6))
```

A. 0　　B. 1

C. –1　　D. -9

6. 运行下图程序：

```
1  def ageNum(age):
2      if age == 1:
3          return 10
4      else:
5          return ageNum(age - 1) + 2
6  n = int(input())
7  print(ageNum(n))
```

输入：

8

则输出的内容为（　　）。

A. 22　　B. 24

C. 26　　D. 10

7. 小明遇到一个题目：

一个球从 100 米高度自由落下，每次落地后反跳回原高度的一半；再落下，求它在第 10 次落地时，共经过多少米？第 10 次反弹多高？

他编写了一个程序如下图所示，请你帮他填写空白①处内容（　　）。

```
1   def heightM(num,height,total):
2       total = total + height
3       height = height/2
4       if num == 1:
5           print(height,total)
6           return height,total
7       else:
8           total = total + height
9           return heightM( ① ,height,total)
10  print(heightM(10,100,0))
```

8．分形二叉树，是体现递归算法的经典案例。请你使用 turtle 库和递归算法绘制出如下所示图形。

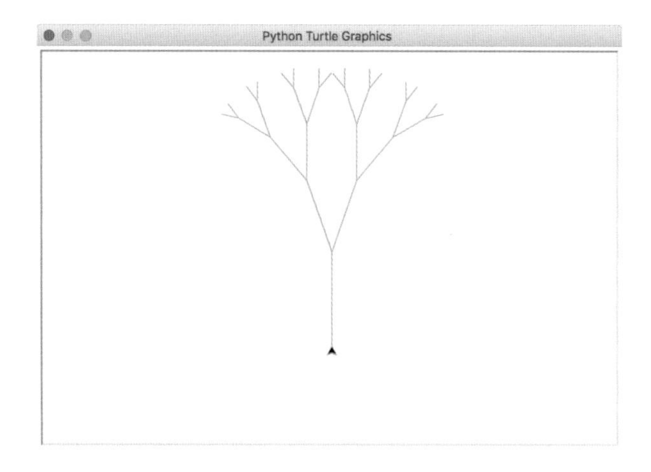

单元练习

1. 下面程序中的函数不包括（　）。

```
1  a = 0
2  def ha():
3      global a
4      a = a + 1
5      return a
6  print(ha())
```

A. 函数名　　B. 函数体

C. 返回值　　D. 参数

2. 执行下列程序，输出的结果是（　）。

```
1  def func(x,y):
2      a = []
3      for i in range(len(x)):
4          a.append(x[i] * y[i])
5      return a
6  b = func(['a','b','c'],[1,2,3])
7  print(b)
```

A. ['a1','b2','c3']　　B. ['a','bb','ccc']

C. ['abc','aabbcc','aabbccc']　　D. ['a','b','c']

3. 关于函数的描述，以下选项中错误的是（　）。

A. 函数可以没有返回值　　B. 函数名不可以使用大写字母

C. 函数可以没有参数　　D. 合理使用函数能够提高编程效率

4. 运行下列代码，输出的内容是（　）。

```
1  c = 1
2  def cal(a,b):
3      c = a + b
4      return c
5  print(cal(1,2),c)
```

A. 1　1　　B. 1　3

C. 3　1　　D. 3　3

5. 执行下列程序，输出的结果是（　）。

```
1  def hello(n):
2      if n == 0:
3          return 1
4      elif n == 1:
5          return 2
6      else:
7          return(hello(n - 1) + hello(n - 2))
8  print(hello(3))
```

A. 3　　B. 5

C. 8　　D. 13

6. 执行下列程序，输出的结果是（　）。

```
1  def mysum(x):
2      if x == 1:
3          return 1
4      return(x + mysum(x - 1))
5  print(mysum(10))
```

A. 10　　B. 1

C. 55　　D. 45

7. 执行下列程序，输出的结果是（　）。

```
1  call_num = 5
2  def funy(b1,b2):
3      global call_num
```

```
4        call_num = b1 - b2
5        return call_num * 2
6    print(funy(30,15),call_num)
```

A. 30　15　　　　B. 15　30

C. 30　5　　　　D. 15　15

8. 执行下列程序，输出的结果是（　　）。

```
1    a = 0
2    def fc(x,y):
3        a = x + y
4        return a
5    c = fc(['a','b','c'],[1,2,3])
6    print(c)
```

A. None　　　　B. ['a1','bb','c cc']

C. ['a','b','c',1,2,3]　　　　D. ['a',1,'b',2,'c',3]

9. 运行下列代码，输出的结果是（　　）。

```
1    def func(a1):
2        if a1 < 5:
3            return 5
4        elif a1 == 5:
5            return 10
6        else:
7            return(func(a1 - 2) + func(a1 - 4))
8    print(func(10))
```

A. 10　　　　B. 15

C. 20　　　　D. 25

10. 运行代码，输出的结果是（　　）。

```
1    def factorial(n):
2        if n == 1:
3            return n
```

```
4        n = n * factorial(n - 1)
5        return n
6    print(factorial(5))
```

A. 1　　B. 5

C. 15　　D. 120

11. 运行下面的程序，输出的结果是（　）。

```
1    def fib(n):
2        if n == 0:
3            return 0
4        elif n == 1:
5            return 1
6        else:
7            return fib(n - 1) + fib(n - 2)
8    for i in range(1,8,3):
9        result = fib(i)
10       print(i,result)
```

A.

```
控制台
1 1
4 3
程序运行结束
```

B.

```
控制台
1 1
3 2
5 5
7 13
程序运行结束
```

C.

```
控制台
1 1
4 3
7 13
程序运行结束
```

D.

```
控制台
1 1
2 1
3 2
4 3
5 5
6 8
7 13
程序运行结束
```

12. 请按要求编写程序。程序要求：

（1）用户输入一串正整数，相邻数字用英文逗号“,”隔开；

（2）再输入一个正整数 N；

（3）程序自动找出序列中是否存在两个元素相加的和为 N，若存在，输出共有几组元素两两相加等于 N，若不存在，则输出 0；

（4）编写过程中使用函数知识。

输入格式：

一串数字，用“,”隔开

输入一个正整数 N

输出格式：

输出一个满足程序要求的数（若输出中包含其他字符，不得分）

输入样例 1：

1,2,5,8,5,4,8,5

10

输出样例 1：

5

输入样例 2：

5,8,10,14,15

15

输出样例 2：

1

第三单元
模块和包

分模块开发，方便团队分工合作、资源共享、协同作战。

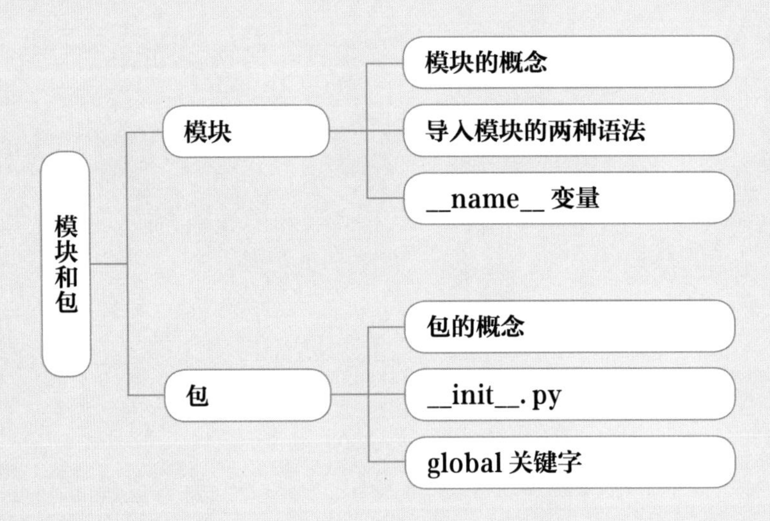
模块和包
模块
模块的概念
导入模块的两种语法
__name__ 变量
包
包的概念
__init__. py
global 关键字

第8课　什么是模块

对于软件工程师来说，不可能一个人完成所有开发工作，需要由一个团队来合作开发，我们之前写的程序都是在一个程序里完成所有工作，这样很不利于团队合作，因为多个人同时修改一份文件会产生很多冲突。而且，我们自己写的函数也并不希望只用一次，我们希望以后有类似的需求可以很方便地把这些函数引入程序中重复使用。这就需要用到模块了。

编程新知

import 模块

在 Python 中，一个独立的 py 文件就是一个模块，我们只需要把两个 py 文件放到同一个目录下就能很方便地引用了，引用的方法与引用海龟库一样。如：

我们前面写过 draw_rect() 函数、draw_triangle() 函数，把该程序保存到我们当前目录下，给文件命名为 my_draw.py，然后新建一个程序文件并保存在同一目录下，在程序中写 import my_draw 即可引用上述模块文件。

```
1  import my_draw
2  my_draw.draw_rect(50,20,'red')
```

import 的方法有 2 种：

1. import 模块

如果模块名称比较长，我们可以用“ as + 别名”，用别名代替模块使用。

这是我们之前经常用的方法，导入的时候会把模块里的所有函数引入。用这种方法导入的模块，调用其中函数的方式：模块名 . 函数名 ()。

需要注意的是，引用 import 模块中的变量在主程序中不能直接使用。

编程示例：my_draw.py 中程序如下：

```
1  x = 100
```

test.py 中程序如下：

```
1  import my_draw
2  print(x)
```

程序会报错找不到变量 x。

2. from 模块 import 资源名称

精确指定要使用的函数，可以节省资源。其中资源可以是函数、变量，也可用“*”来表示所有资源。还是上面的 my_draw.py，我们换一下方法导入：

```
1  from my_draw import *
2  print(x)
3  draw_rect(50,20,'red')
```

这时候就能输出 x 的值了。注意，用这种方法引入的函数，无须写模块名 . 函数名 ()，直接调用即可。

把函数放在模块中之后就可以实现团队合作了。我们可以单独把 my_draw.py 发送给队友。队友无须自己写这些函数，可以直接引入这个模块，并调用里面的函数。

模块化程序开发的好处：

1. 拆分的功能相互独立，可以单独测试。

2. 任务分解，有利于多人协作完成。

3. 提高了维护性，容易区分边界，一旦出了问题，能立刻定位是哪个模块出了问题。

4. 容易写测试用例。

5. 功能模块化，让接收的人更加容易理解你的思路，工作交接顺利。

6. 优秀的命名规则加上好的程序设计，可以写很少的注释，让人更容易读懂程序逻辑和功能。

模块的测试

模块中的函数写完之后我们通常会调用它们来测试一下，这是一个好习惯。

```
1  def my_func():
2      print('这是函数my_func')
3  print('模块m测试')
4  my_func()
```

```
控制台
模块 m 测试
这是函数 my_func
程序运行结束
```

经过测试，函数能正常工作，没有报错，把文件保存为m.py，这时我们把程序发送给同学，同学引入该模块后调用我们的函数。

"test.py"程序如下：

```
1  from m import *
2  print('这是test.py')
```

```
控制台
模块 m 测试
这是函数 my_func
这是 test.py
程序运行结束
```

奇怪，模块"m"中的程序居然直接执行了，测试函数的代码全都自动执行了。这可不是我们想要的。

引入别人模块的时候，如果模块中有程序，这些程序会执行。该如何避免这种情况呢？

__name__ 内置变量

我们希望运行"m.py"的时候这些代码能执行，当引入"m"模块的时候，这些代码不执行。

Python 中有一个内置变量"__name__"，这个变量不用我们声明，Python 程序执行的时候都默认存在这个变量。当我们运行 m.py 的时候，“__name__”变量的值是“__main__”，当作为模块被主程序引用的时候，“__name__”的值是模块名字。

让我们做个测试，“m.py”中程序如下：

```
1 print(__name__)
```

控制台

```
__main__
程序运行结束
```

“test.py”中程序如下：

```
1 from m import *
2 print(__name__)
```

控制台

```
m
__main__
程序运行结束
```

利用这个特点，我们就可以把测试代码放到 if 条件判断中了，如果“__name__”的值是“__main__”，我们就执行，否则不执行。程序如下：

```
1 def my_func():
2     print('这是函数my_func')
3 if __name__ == '__main__':
4     my_func()
```

现在直接运行“m.py”，my_func() 就被调用了，这时候我们可以做测试工作。

test.py 中程序如下：

```
1 from m import *
2 my_func()
```

运行“test.py”，my_func() 函数不会自动执行了。

知识要点

1. 一个 py 文件就是一个模块，模块和主程序放在同一个文件夹里。导入模块的方法有：

①import 模块名

②import 模块名 as 别名

③from 模块名 import *

④from 模块名 import 资源名

2. 模块测试方法：

内置变量“__name__”使用

课堂练习

1. 下列选项中，导入 random 库的方法错误的是（　　）。

A. import random as r　　B. from random import *

C. import random　　D. import random from as r

2. 在同一个文件夹内有 register.py 和 venrify.py 两个文件，分别如下所示。

register.py

```
1  password = "12345678"
2  def reg():
3      passwd1 = input('请输入密码：')
4      if passwd1 == password:
5          print('登陆成功')
6      else:
7          print('登陆失败，请输入正确的密码')
```

venrify.py

```
1  import register as r
2
3  r.reg()
```

运行 venrify.py 文件，

输入样例：

12345679

则输出的结果是（　）。

A．12345678　　B．请输入密码

C．登陆成功　　D．登陆失败，请输入正确的密码

3．创建一个文件名为 rectangle.py 的模块，其程序如下如所示：

```
1  def girth(x,y):
2      return(x + y) * 2
```

现有同文件夹中的 transfer.py 文件，程序如下：

```
1  from rectangle import *
2  if __name__ == '__main__':
3      print(girth(20,30))
```

运行 transfer.py 文件程序，输出的结果是（　）。

A．girth(20, 30)　　B．50

C．100　　D．(x+y)*2

4．把 draw_rect() 和 draw_triangle() 函数写到 my_draw.py 中，再用程序去引用模块，画出如下图形。

内置变量

Python 中还有哪些内置变量，我们可以通过命令查看一下：

```
1  # 以字典的方式返回所有内置变量
2  print(vars())
```

控制台

```
{'__name__': '__main__', '__doc__': None, '__package__': None, '__loader__': <_frozen_importlib_external.SourceFileLoader object at 0x107dc3c18>, '__spec__': None, '__annotations__': {}, '__builtins__': <module 'builtins'(built-in)>, '__file__': '/var/folders/6x/gfm5ygfs3sl9p_00rsysxjzc0000gn/T/codemao-xhiQUX/temp.py', '__cached__': None}
程序运行结束
```

```
1  # 返回当前文件的路径
2  print(__file__)
3
4  # 获取导入该文件的路径，当前文件内输出会返回 None
5  print(__package__)
6
7  # 最重要的 __name__ 获取导入文件的路径加文件名称
8  print(__name__)
```

第 9 课 用包来管理模块

如果不同的人编写的模块名相同怎么办？为了避免模块名冲突，Python 又引入了按目录来管理模块的方法，称为包（package）。

编程新知

包（package）

什么是包呢？从物理上看，包就是一个文件夹，在该文件夹下包含了一个 __init__.py 文件，该文件夹可用于包含多个模块源文件；从逻辑上看，包的本质依然是模块。定义包更简单，主要有两步：

1. 创建一个文件夹，该文件夹的名字就是该包的包名。

2. 在该文件夹内添加一个 __init__.py 文件即可。

下面定义一个非常简单的包。先新建一个 program 文件夹，然后在该文件夹中添加一个 __init__.py 文件，程序 abc.py 和 test.py 是包 program 的成员。

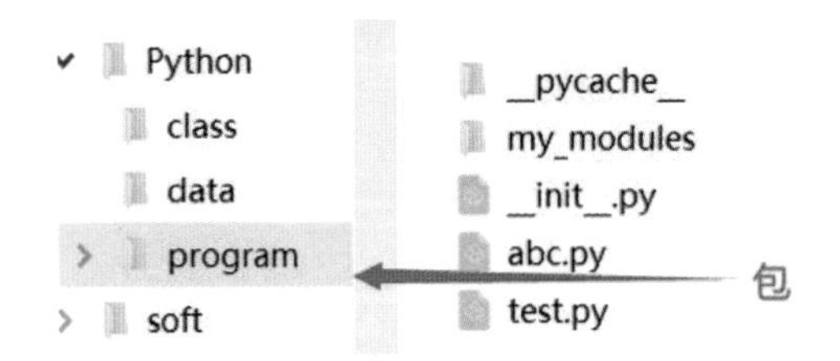

使用包和使用模块方法一样，在 Python 目录下的程序：

```
1  # 导入program包，实际上就是导入包下 __init__.py 文件
2  import program
3
```

```
4  # 导入program包下的abc.py
5  import program.abc
6
7  # 导入program包（模块）导入test模块
8  from program import test
```

__init__. py 文件

我们来尝试试一下，在程序所在的目录下新建一个 my_modules 文件夹，然后把 m.py 放到这个文件夹下。尝试修改程序“test.py”

```
1  from my_modules.m import *
2  my_func()
```

控制台

```
Traceback (most recent call last):
  File "D:\Python 练习题\第二册\第 11 课\test.py", line 1, in <module>
    from my_modules.m import *
ModuleNotFoundError: No module named 'my_modules.m'
程序运行结束
```

程序出错了，说明我们的用法不对。

想要把一个文件夹当作包使用，我们需要在这个文件夹里新建一个“__init__.py”的程序文件，这个文件可以是空文件。

再次运行程序：

控制台

```
这是函数 my_func
程序运行结束
```

请注意，每一个包目录下面都会有一个“__init__.py”的文件，这个文件是必须存在的，否则，Python 就把这个目录当成普通目录（文件夹），而不是一个包。“__init__.py”可以是空文件，也可以有 Python 代码，因为“__init__.py”本身就是一个模块，而它的模块名就是对应包的名字。

调用包就是执行包下的“__init__.py”文件。

知识要点

1. 包（pakage）：为了避免模块名冲突，Python 又引入了按目录来组织模块的方法，称为包（package）。

2. __init__.py 文件在包中的作用：__init__ 文件的作用是将文件夹变为一个 Python 模块，在 Python 中的每个模块的包中都有 __init__.py 文件。通常 __init__.py 文件为空，但是我们还可以为它增加其他的功能。

课堂练习

1. 创建包时，在包文件夹内通常包含的文件是（　）。

A. admin　　B. __init__.py

C. __main__.py　　D. __name__.py

2. 在一个名为 setting 的包中，有一个模块 size，size 中有两个变量 x 和 y。若要在程序中导入这两个变量，正确的是（　）。

A. from setting.size import x,y　　B. from setting import x, y

C. from size import x, y　　D. from size.setting import x, y

3. 关于 Python 中包的说法，正确的是（　）。

A. 模块中可能包含包

B. 每个包都含有一个 __init__.py 文件

C. 导入包时，包中的 __init__.py 文件不会被自动执行

D. 包中不能再包含另一个包

单元练习

1．在同一个文件夹内有 rec.py 和 trans.py 两个文件，分别如下所示。

rec.py 文件内容：

```
1  def area(x,y):
2      return x*y
```

trans.py 文件内容：

```
1  from rec import *
2  if __name__=='__main__':
3      print(area(5,8))
```

运行 trans.py 文件程序，输出的结果是（　　）。

A．5,8　　B．40

C．(58)　　D．13

2．下列选项中，导入 turtle 库的方法错误的是（　　）。

A．import turtle as t　　B．from turtle import *

C．import turtle　　D．import turtle from as r

3．下列关于 Python 中模块的说法，正确的是（　　）。

A．模块就是函数

B．创建的模块可以和 Python 中自带的模块同名

C．import 关键字用于模块的导入

D．模块文件的后缀名是 .moudle

4．在同一个文件夹内有 fac.py 和 Fum.py 两个文件，分别如下所示。

```
1  def fac(n):
2      num = 0
```

```
3        for i in range(1,n):
4            num += i
5        return num
```

```
1    from fac import *
2    n = int(input())
3    print(fac(n))
```

运行 Fum.py 文件，

输入样例：

10

则输出的结果是（　　）。

A．36　　　　B．45

C．59　　　　D．81

第四单元
面向对象

造出一个模子，就可以用它克隆出很多自己了。

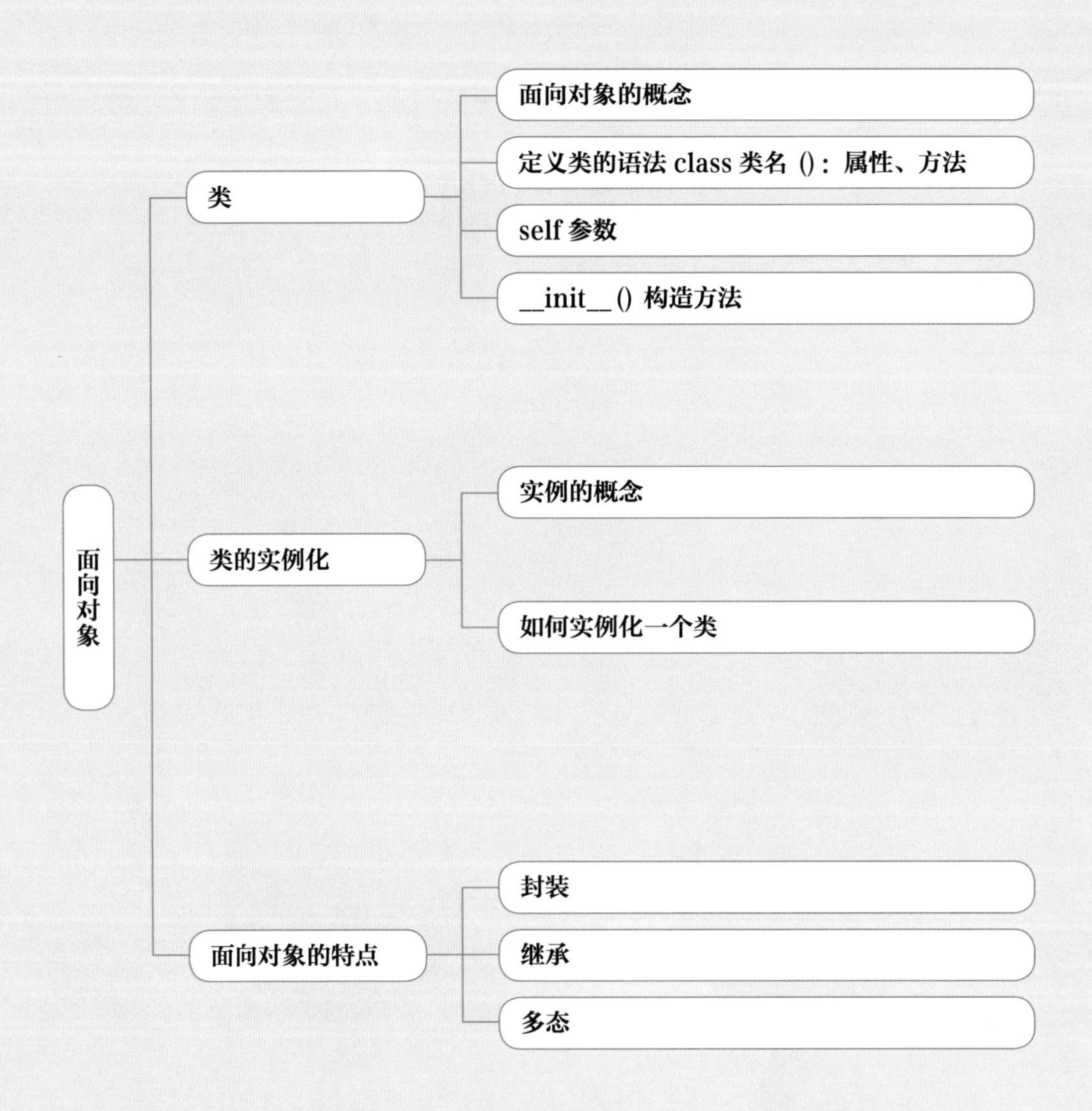
面向对象
类
面向对象的概念
定义类的语法 class 类名（）：属性、方法
self 参数
__init__() 构造方法
类的实例化
实例的概念
如何实例化一个类
面向对象的特点
封装
继承
多态

第10课　类的定义和实例化

面向对象编程（Object-Oriented Programming，简称 OOP）是设计和编写程序的一种思想，用面向对象的理念，我们可以把一组变量、函数封装成一个类，然后在程序中用这个类可以创建出很多实例，这些实例之间互相不会受影响。

编程新知

类和对象

面向对象的思想会让程序更贴近现实中的思维，比如我们定义一个猫的类，猫有体重、颜色等属性，猫会撒娇、生气等方法。定义好类之后在程序中我们创建一个猫的实例，这个实例就是类的对象，这个对象就具有上述类的属性和方法了。所以，定义猫的类就像一个模具，而猫的实例则是用这个模具生产的真实的对象。

要使用面向对象编程，我们首先需要定义一个类。

定义类的语法格式如下：

class 类名：

　　属性

　　方法

其中，属性和方法都可以为空。

现在我们举例说明一个比较完整的类定义以及将类实例化：

```
1  class Cat:
2      color = ''
3      weight = 0
4      name = ''
5      def miaomiao(self):
```

```
6            print('喵喵')
7        def wuwu(self):
8            print('呜呜')
```

需要注意的是，定义类里的方法时，参数表中默认第一个参数是 self，这个参数用来指代自身，后面我们会详细说明。

定义好一个“模子”之后，我们就可以用这个“模子”来批量生产小猫了。

```
1  cat1 = Cat()  # 将类 Cat() 实例化为对象 cat1
2  cat2 = Cat()  # 将类 Cat() 实例化为对象 cat2
3  cat1.name = '小白'
4  cat2.name = '小黑'
5  print(cat1.name)
6  cat1.miaomiao()
7  print(cat2.name)
8  cat2.wuwu()
```

控制台

```
小白
喵喵
小黑
呜呜
程序运行结束
```

其实定义类的时候不指定属性也是可以的，就像上面的 cat 类，属性中并没有 age 属性，在程序中直接设置该属性也可以。

```
1  cat1.age = 3
2  cat2.age = 4
3  print(cat1.age)
4  print(cat2.age)
```

控制台

```
3
4
程序运行结束
```

前面提到，属性和方法都可以省略，我们甚至可以写一个这样的类：

```
1  class Student():
2      pass
```

我们定义了一个学生类，没有规定任何属性和方法，一样可以用它来实例化对象：

```
1  stu1 = Student()
2  stu2 = Student()
3  stu1.name = '加加'
4  stu2.name = '多多'
5  stu1.age = 10
6  stu2.age = 11
7  print('%s的年龄是%d,%s的年龄是%d'%(stu1.name,stu1.age,stu2.name,
   stu2.age))
```

我们可以在使用时动态添加属性，这是其他很多编程语言没有的特性，也是Python语言灵活度高的重要体现。

面向对象编程的应用

学会了面向对象编程之后，我们可以解决之前的很多难题了。例如学生成绩管理系统。在一个列表中很难保存多个学生的成绩，现在可以用面向对象的编程来重新审视这一问题了。

```
1  class Student(): # 创建一个Student类
2      pass
3  students_list = [] # 创建列表存放每个学生信息
4  while True:
5      c = input('请输入学生姓名(Q停止录入):')
6      if c == 'Q':
7          break
8      new_stu = Student() # 创建一个新学生对象
9      new_stu.name = c
10     score1 = float(input('请输入语文成绩:'))
```

```
11        score2 = float(input('请输入数学成绩: '))
12        score3 = float(input('请输入英语成绩: '))
13        new_stu.score1 = score1
14        new_stu.score2 = score2
15        new_stu.score3 = score3
16        students_list.append(new_stu) # 将学生对象封装后存入列表中
17    print(students_list) # 打印输出的是对象信息
18    while True:
19        c = input('请输入要查询的学生姓名(Q停止查询):')
20        if c == 'Q':
21            break
22        for i in students_list: # 将对象的属性循环输出
23            if i.name == c:
24                print('姓名: %s, 语文: %.1f, 数学: %.1f 英语: %.1f'%
                  (i.name,i.score1,i.score2,i.score3))
```

控制台

```
请输入学生姓名(Q停止录入):小明
请输入语文成绩:98
请输入数学成绩:90
请输入英语成绩:88
请输入学生姓名(Q停止录入):小王
请输入语文成绩:89
请输入数学成绩:95
请输入英语成绩:93
请输入学生姓名(Q停止录入):Q
[<__main__.Student object at 0x0000020E7A137DD8>, <__main__.Student object at 0x0000020E7A137E10>]
请输入要查询的学生姓名(Q停止查询):小王
姓名:小王,语文:89.0,数学:95.0 英语:93.0
请输入要查询的学生姓名(Q停止查询):小明
姓名:小明,语文:98.0,数学:90.0 英语:88.0
请输入要查询的学生姓名(Q停止查询):Q
程序运行结束
```

知识要点

1. 定义类的语法格式：

class 类名 ():

属性

方法

2. 用类实例化对象：

实例名 = 类名 ()

课堂练习

1. 下列选项中，用于定义“类”的关键字是（　）。

A. global　　B. Global

C. class　　D. Class

2. 请编写一个商品类，该类具有如下属性：商品名称、售价、进价、规格、库存数量。

3. 用题目 2 编写的商品类，实现超市库存系统，要求实现商品信息录入、入库、销售、库存查询功能。

编程百科

面向过程和面向对象的编程

面向对象编程的思想早在 20 世纪 60 年代就出现了，面向对象编程，是一种通过对象的方式，把现实世界映射到计算机模型的一种编程方法。与面向对象编程相对应的是面向过程编程，对于简单的计算，面向过程编程更便捷快速。我们前面所学的案例中大部分需求用面向过程的方法都能很好地得到满足，但是随着程序复杂度的提升和团队规模的扩大，面向对象编程思想的优势越来越明显。面向对象编程允许我们把一组属性和围绕着这些属性进行的操作方法封装起来，形成一个整体，对象的使用者无须自己去创建这些数据，极大地减少了工作量。而操作这些数据的方法与属性都是绑定在一起的，使用者无须担心函数是否适配这些数据，极大地降低了错误使用函数的概率。

第 11 课　类的方法

定义了类的属性之后，我们可以定义针对这些属性的特定操作方法，属性是对象的特征，而方法是对象的动作。实例化之后的类自然就具备这些功能了。

编程新知

定义类的方法

类里面定义的函数叫作这个类的方法，定义方法的格式与定义一个函数很相似，不同的是类的方法的第一个参数是 self，表示自己。

```
1  class Cat:
2      color = ''
3      weight = 0
4      name = ''
5      def miaomiao(self):  # 创建函数，函数默认参数 self
6          print(self.name,'说：喵喵')
7      def wuwu(self):  # 创建函数，函数默认参数 self
8          print(self.name,'说：呜呜')
9  cat1 = Cat()
10 cat2 = Cat()
11 cat1.name = '小白'  # 声明 cat1 的名字属性
12 cat2.name = '小黑'  # 声明 cat2 的名字属性
13 cat1.miaomiao()    # 调用对象 cat1 的方法 miaomiao()
14 cat2.wuwu()        # 调用对象 cat2 的方法 wuwu()
```

控制台

```
小白 说：喵喵
小黑 说：呜呜
程序运行结束
```

构造方法 __init__ ()

类的方法中有一个特殊的方法，叫作构造方法。

上节课我们学习了如何创建对象，并设置对象的属性。但是每个对象都要将所有属性设置一遍显得有点太啰唆。我们今天学习类里面的特殊函数，类的构造方法 “__init__()” ，init() 前后增加 2 个下划线。这是一种约定，目的是将 Python 的默认方法和普通方法区别开，语法格式：

def __init__(self, 参数 1, 参数 2...):

　　self. 属性 1= 参数 1

　　self. 属性 2= 参数 2

编程示例：

```
1  class Cat:
2      color = ''
3      weight = 0
4      name = ''
5      def __init__(self,x,y,z): # 创建构造方法，并传入参数
6          self.name = x
7          self.weight = y
8          self.color = z
```

在这个构造方法中我们把 x,y,z 参数分别赋值给了对象的 name、weight、color 属性，这样，用这个类创建对象的时候可以直接指定其属性值了。

```
1  cat1 = Cat('小白',3.5,'白色')
2  cat2 = Cat('小黑',4.1,'黑色')
3  print(cat1.name,cat1.weight,cat1.color)
4  print(cat2.name,cat2.weight,cat2.color)
```

控制台

```
小白 3.5 白色
小黑 4.1 黑色
程序运行结束
```

理解了属性和方法，我们就可以用面向对象的编程思想，写一个完整的程序了。

编程示例：

某汽车 4S 店需要开发一套车辆销售管理系统，请编写一个程序，实现车辆信息的录入，车辆入库和出库操作。

```
1   class Car():
2       name = ''
3       color = ''
4       count = 0
5       def __init__(self,name,color): # 构造方法设置汽车属性
6           self.name = name
7           self.color = color
8       def count_add(self,count): # 入库方法
9           self.count += count
10          print('库存数量：',self.count)
11      def count_minus(self,count): # 出库方法
12          if self.count - count >= 0:
13              self.count -= count
14              print('库存数量：',self.count)
15          else:
16              print('库存不足，无法出库')
17
18  car1 = Car('宝马X5','白色')
19  car2 = Car('宝马X3','红色')
20  car1.count_add(5)
21  car1.count_minus(3)
22  car1.count_minus(3)
```

控制台

```
库存数量： 5
库存数量： 2
库存不足，无法出库
程序运行结束
```

知识要点

1. 类的方法定义：类里面定义的函数叫作这个类的方法，和普通函数的区别是第一个参数是 self，表示自己。

2. 类的构造方法 __init__()：构造方法用于创建对象时使用，每当创建一个类的实例对象时，Python 解释器都会自动调用它。在 __init__() 构造方法中，除了 self 参数外，还可以自定义一些参数。但是需要手动传递参数。self 不需要手动传递参数。

课堂练习

1. 下面程序的执行结果是（　）。

```
1  class Luffy :
2      def __init__(self,name,age,score):
3          self.Name = name
4          self.Age = age
5          self.Score = score
6      def learn(self):
7          print("%s 的成绩是 %d'%(self.Name,self.Score))
8  stu1 = Luffy(' 小明 ',15,91)
9  stu1.learn()
```

A. 小明的成绩是 91　　B. 小明的成绩是 15

C. 小明的年龄是 15　　D. %s 的成绩是 %d

2. 执行下列程序，输出的结果是（　）。

```
1  class Dog(object):
2      def __init__(self,x,y,z):
3          self.name = x
4          self.age = y
5          self.tye = z
6      def call(self):
7          print("我叫{},".format(self.name),end='')
8          print("我在主人家待了{}年了,".format(self.age),end='')
9          print("我是一只{}。".format(self.tye))
10 d = Dog('哈力',2,'哈士奇')
11 d.call()
```

A. 我叫{}，我在主人家待了{}年了，我是一只{}

B. 我叫{哈力}，我在主人家待了{2}年了，我是一只{哈士奇}

C. 我叫哈力，我在主人家待了2年了，我是一只哈士奇

D. 我叫哈力，我在主人家待了2.00年了，我是一只哈士奇

3. 执行下列程序，输出的结果是（　）。

```
1  class Egg(object):
2      kind = ''
3      price = ''
4      weight = 0
5      def __init__(self,k,p,w):
6          self.kind = k
7          self.price = p
8          self.weight = w
9      def speak(self):
10         print("我买了%d斤%s，花了%d元。"%(self.weight,self.
           kind,self.price*self.weight))
11 P = Egg("红鸡蛋",3,7)
12 P.speak()
```

A. 我买了红鸡蛋斤3，花了7元

B．我买了红鸡蛋 3 斤，7 元

C．我买了红鸡蛋 7 斤，花了 21 元

D．我买了 7 斤红鸡蛋，花了 21 元

4．执行下列程序，输出的结果是（　）。

```
1  class Student:
2      name = ''
3      subject = ''
4      score = 0
5      def __init__(self,n,a,w):
6          self.name = n
7          self.subject = a
8          self.score = w
9      def speak(self):
10         print("我%s考了%d分。"%(self.subject,self.score))
11 p = Student('Jim',"语文",100)
12 p. speak()
```

A．Jim 语文考了 100 分　　B．我 Jim 考了 100 分

C．Jim 考了 100 分　　D．我语文考了 100 分

第 12 课　类的封装、继承和多态

面向对象是用程序模拟世间万物，真实世界中的很多物体都存在很多共性，根据这些共性，可以将物体分为很多大类，大的分类下面又可以分为很多细类，为了更好地用程序去描述这些共有特性，面向对象编程中引入了继承的概念。有了继承功能，我们可以在前人开发好的类的基础上，不断丰富拓展新的功能，节省了大量的开发时间，同时让程序更强大。

编程新知

类的封装

封装，就是将抽象得到的重要数据和信息相结合，形成一个有机的整体（即类）；封装的目的是让程序更加安全和简洁，使用者不必了解具体的实现细节，而只需通过外部接口，通过特定的访问权限来使用类的属性或者方法。

```
1  class People():
2  # 静态属性是一种封装
3      country = "中国"
4      province = "北京"
5  # 给对象封装属性
6      def __init__(self,name,age):
7          self.name = name
8          self.age = age
9  # 动态属性也是一种封装
10     def hello(self):
11         print("大家好，北京欢迎您！")
```

类的继承

定义好一个类之后，如果我们想定义该类的子类，子类中除了有父类的属性和方法外，还有自己独特的属性和方法，可以用类的继承功能，如我们定义了动物类，动物类有体重、年龄、位置属性，有移动方法。

```
1 class Animal():
2     weight = 0
3     age = 0
4     position = [0,0,0]  # 用 3 个数字表示动物当前的 x,y,z 坐标
5     def move(self,direction):
6         self.position[0] += direction[0]  # 当动物水平移动时，改变其 x 和 z 坐标
7         self.position[2] += direction[2]
8     def show(self):
9         print(self.position)  # 显示当前位置
```

编写动物类程序后发现需要增加一个小狗类，除了具备动物的属性和方法之外，还需要有跳跃功能。

我们虽然可以把上面的代码全部重写一遍，然后在这基础上增加跳跃方法，但是要把这些代码重写一遍会浪费时间，而且如果有一天动物类增加了一个功能，我们也需要把小狗类做同样的修改，又增加了维护成本。如果用类的继承，就可以避免这些问题。

```
1 class Dog(Animal):
2     def jump(self,n):
3         Animal.position[1] += n  # 继承了父类的属性，修改时需要指明父类名称
4 
5 d1 = Dog()
6 d1.move([1,0,1])  # 调用父类的方法
7 d1.jump(1.5)  # 调用小狗类的方法
8 d1.show()  # 显示移动之后的坐标
```

控制台

```
[1, 1.5, 1]
程序运行结束
```

如上，我们定义了一个小狗类，Dog() 继承自 Animal 类，小狗就具备了 Animal 的 move() 方法，同时在小狗类中新增一个 jump() 方法，则小狗就兼具 move() 方法和 jump() 方法了。

定义类的继承需要在类的括号中写父类的类名，在方法中如果需要用到父类的属性，则应该指明是父类的名称。

```
Animal.position[1] += n    # Animal 是父类需要指明
```

类的多态性

如果父类和子类有相同的方法名称，但是执行时功能又有区别应该怎么办呢？

就像上面的例子中，虽然 Animal 和 Dog 都有 move() 功能，但小狗的 move() 速度与其他动物不同，所以我们想重新改写 move() 方法，这种用法叫作多态。

编程示例：

```
1  class Animal():
2      weight = 0
3      age = 0
4      position = [0,0,0] # 用 3 个数字表示动物当前的 x,y,z 坐标
5
6      def move(self,direction):
7          self.position[0] += direction[0] # 当动物移动时，改变其 x 和
           z 坐标
8          self.position[2] += direction[2]
9
10     def show(self):
11         print(self.position) # 显示当前位置
12
13 class Dog(Animal):
14     def jump(self,n):
```

```
15            Animal.position[1] += n
16
17        def move(self, direction):
18            Animal.position[0] += 1.5 * direction[0] # 增加 x 方向运动的距离
19            Animal.position[2] += 1.5 * direction[2] # 增加 z 方向运动的距离
20
21    d1 = Dog()
22    d1.move([1,0,1])
23    d1.jump(3)
24    d1.show()
```

控制台

```
[1.5, 3, 1.5]
程序运行结束
```

这次在定义狗类时，我们再次定义了 move() 方法，可以看到，调用狗的 move() 方法时，执行的是自己的 move() 方法，父类的方法并不影响子类。

子类重写定义的方法也不会影响父类，同学们可以自行做实验来验证。

面向对象程序设计的三大特性

封装性、继承性和多态性是面向对象编程的三个基本特性，封装性是指一个类中包含的属性和方法只归自己所有，这些属性和方法组合到一起形成一个独立的类型。继承性是指子类可以继承父类的属性和方法，不用重新定义即可直接使用。多态性是指子类可以改写父类的方法，改写的新方法不会影响父类的该方法。

知识要点

1. 类的封装

就是将抽象的数据和信息相结合，形成一个有机整体（类）。

2. 类的继承

子类继承父类的属性和方法，修改父类的属性时需指明父类名称。

3. 类的多态

父类的方法在子类中可以重新定义，叫作多态性。

4. 面向对象程序设计的三大特性

封装、继承、多态。

课堂练习

1. 下列不属于面向对象的三个基本特性的是（　）。

A. 封装性　　B. 继承性

C. 稳定性　　D. 多态性

2. 请编写一个程序，要求如下：

（1）定义一个字体 A 类，包含两个属性（color 颜色、big 大小）。

（2）定义 A 类的 speak() 方法，打印属性的信息。

（3）实例化 A 类，传入的属性为用户输入的颜色和大小。

输入样例：

红色

8

输出样例：

字体颜色为红色，大小为 8

输入样例：

黄色

12

输出样例：

字体颜色为黄色，大小为 12

单元练习

1. 下列选项中，能正确定义一个名为 A 的类的是（　）。

A. global A(object)　　B. def A(object)

C. class A(object)　　D. Class A(object)

2. 运行下列代码，输出的是（　）。

```
1  class cat():
2      kind = "cat"
3      def __init__(self,kind,color):
4          self.kind = kind
5          self.color = color
6  ragdoll = cat("ragdoll","white")
7  print(cat.kind,ragdoll.kind)
```

A. cat cat　　B. cat ragdoll

C. ragdoll cat　　D. ragdoll ragdoll

3. 请按照下列要求编写程序。

（1）定义一个学生类，学生类的属性有姓名，年龄，性别，英语成绩，数学成绩，语文成绩；

（2）封装方法：求取学生的平均分，打印学生的信息；

（3）运行程序，分别输入学生的姓名，年龄，性别，英语成绩，数学成绩，语文成绩等信息，输出学生信息和学生的平均分。

输入格式：

请输入姓名：×××

请输入年龄：age

请输入性别：gender

请输入英语成绩：n1

请输入数学成绩：n2

请输入语文成绩：n3

输出格式：

姓名：xxx

年龄：age

性别：gender

××× 的平均分是：N

输入样例：

请输入姓名：小明

请输入年龄：12

请输入性别：男

请输入英语成绩：120

请输入数学成绩：99

请输入语文成绩：100

输出样例：

姓名：小明

年龄：12

性别：男

小明的平均分是：106

4．请按照下列要求编写程序。

（1）创建一个猫类，属性：名字；

（2）创建老鼠类，属性：名字；

（3）再创建一个测试类：输出一只名叫 ××× 的猫抓到了一只名叫 ××× 的老鼠；

（4）输入猫的名字和老鼠的名字。

输入格式：

输入猫的名字：

输入老鼠的名字：

输出格式：

一只名叫 ××× 的猫抓到了一只名叫 ××× 的老鼠

输入样例：

Tom

Jerry

输出样例：

一只名叫 Tom 的猫抓到了一只名叫 Jerry 的老鼠

第五单元
Python 中常用的库

他山之石，可以攻玉。
借助他人的代码，完成我们的工作。

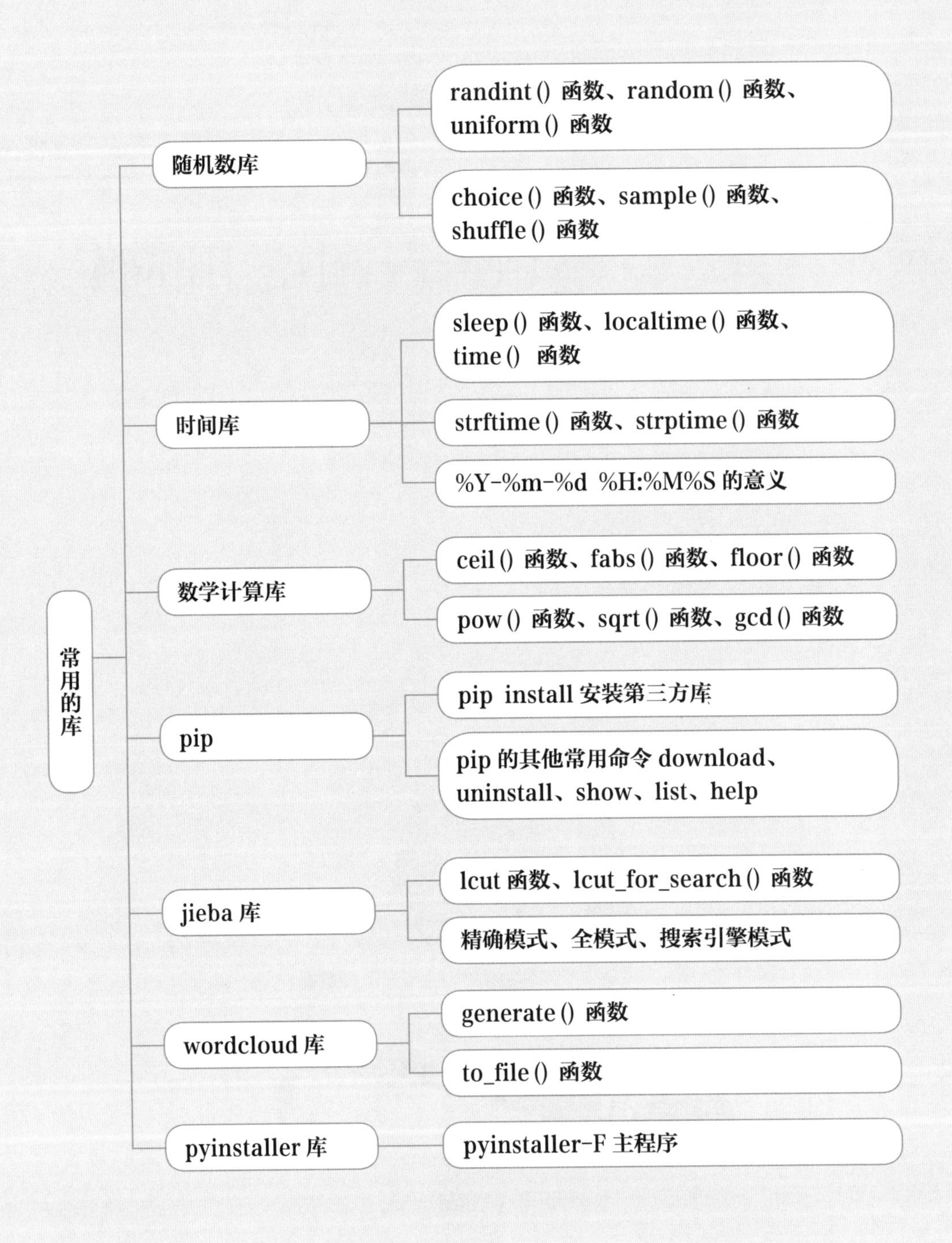
常用的库
随机数库
randint () 函数、random () 函数、uniform () 函数
choice () 函数、sample () 函数、shuffle () 函数
时间库
sleep () 函数、localtime () 函数、time () 函数
strftime () 函数、strptime () 函数
%Y-%m-%d %H:%M%S 的意义
数学计算库
ceil () 函数、fabs () 函数、floor () 函数
pow () 函数、sqrt () 函数、gcd () 函数
pip
pip install 安装第三方库
pip 的其他常用命令 download、uninstall、show、list、help
jieba 库
lcut 函数、lcut_for_search () 函数
精确模式、全模式、搜索引擎模式
wordcloud 库
generate () 函数
to_file () 函数
pyinstaller 库
pyinstaller-F 主程序

第 13 课　标准库之随机数库——random

我们已经学过很多函数，像 len()、max()、int()，type()、abs()、ord()、chr()、sorted() 等这些函数叫作标准函数，它们的特点是可以直接使用而不必引入其他库。标准库函数是从标准库中调用的，为了节省计算机运算资源，Python 中有一些不常用的函数是放在第三方库中。标准库和第三方库的区别，标准库是随 Python 解释器直接安装的，第三方库需要单独按照。标准库除了海龟库之外，Python 还有很多有趣的库，这节课来学习 Python 中常用的一个库，叫随机数库—random。

编程新知

random 随机数库导入

利用这个库里提供的函数，可以让计算机生成随机数或从列表中随机挑选一些数据。

使用海龟库之前需要先用 import 关键字引入海龟库，使用随机数库也一样，要先导入 random 库，语法格式如下：

```
import random
```

randint () 函数

randint(x,y) 可以让计算机生成 x 到 y 之间的随机整数。

编程示例：

```
1  import random # 导入随机库
2  n = random.randint (1,100)  # 生成 1~100 之间的随机整数
3  print(n)
```

```
控制台
24
程序运行结束
```

在上面例子中，我们先引入了 random 库，然后调用了其中的 randint() 函数，生成 1 到 100 之间的随机整数。

提示：特别强调，这里生成的随机数中包含 100，这一点与 range(x,y) 函数生成的是 x 到 y–1 之间的整数序列（不包括 y）不同，而 randint(x,y) 生成的是 x 到 y 之间的随机整数，包括 y。

利用这个函数，我们可以写有趣的猜数字游戏：

```
1   import random
2   n = random.randint(1,100)
3   while True:
4       m = int(input('请猜猜看计算机生成了什么数字：'))
5       if m > n:
6           print('你猜大了')
7       elif m < n:
8           print('你猜小了')
9       else:
10          print('恭喜你，猜对了')
11          break
```

```
控制台
请猜猜看计算机生成了什么数字：50
你猜小了
请猜猜看计算机生成了什么数字：78
你猜大了
请猜猜看计算机生成了什么数字：73
你猜小了
请猜猜看计算机生成了什么数字：75
你猜小了
请猜猜看计算机生成了什么数字：77
恭喜你，猜对了
程序运行结束
```

随机数有很多用途，例如抽奖、短信收到的随机验证码、游戏中角色随机出现位置等。随机数让事件充满不确定性，这些不确定性让程序变得更加有趣。

random () 函数

random() 函数生成 0 到 1 之间的随机浮点数，编程示例：

```
1  import random
2  print(random.random())
```

控制台

0.9740494626274624
程序运行结束

uniform () 函数

uniform(x,y) 函数：随机生成一个 [x,y] 范围内的浮点数，注意和 random() 的区别。

```
1  import random
2  print(random.uniform(5,8))
```

控制台

6.358211958788386
程序运行结束

choice () 函数

choice() 函数：从列表或者字符串序列中随机选出一个元素，编程示例：

```
1  import random
2  print(random.choice('abcdefg'))
```

控制台

f
程序运行结束

我们来做个好玩的游戏吧，用 random 库随机生成角色的名字、身高、体重。

```
1  import random
2  name1_list = '赵钱孙李周吴郑王冯陈褚卫蒋沈韩杨朱秦尤许何吕施张'
3  name2_list = '乾坤有序宇宙无疆星辰密布斗柄指航昼白夜黑日明月亮'
4  s1 = random.choice(name1_list)
5  s2 = random.choice(name2_list)
6  print('姓名：',s1 + s2)
7  height = random.uniform(1.0,1.9)
8  print('身高：',round(height,1))
9  weight = random.uniform(40,90)
10 print('体重：',round(weight,1))
```

控制台

```
姓名：沈星
身高：1.6
体重：79.2
程序运行结束
```

sample() 函数

random.sample() 函数可以从一个列表中随机选择 n 个数据，编程示例：

```
1  import random
2  lst = ['语文','数学','英语','物理','化学','历史','地理','政治',
   '音乐','体育','美术','信息']
3  print(random.sample(lst,3))
```

控制台

```
['英语','信息','政治']
程序运行结束
```

也可以从字符串中随机选择 n 个字符，编程示例：

```
1  import random
2  s = 'abcdefg'
3  print(random.sample(s,3))
```

控制台

```
['f', 'c', 'd']
程序运行结束
```

某驾校模拟考试科目三的时候有如下考察点：倒车入库、侧方位停车、曲线行驶、直角拐弯、定点停车、坡道起步、单边桥、百米加减档，考官会从上述考点中随机抽取三项进行考试，为了保证考试的公平性，需要用计算机随机抽取三项考察点，请编写一个程序实现上述需求。

```
1 import random
2 lst = ['倒车入库','侧方位停车','曲线行驶','直角拐弯','定点停车',
  '坡道起步','单边桥','百米加减档']
3 print(random.sample(lst,3))
```

控制台

```
['直角拐弯','坡道起步','百米加减档']
程序运行结束
```

shuffle() 函数

shuffle() 函数可以打乱列表的顺序，这对于随机排序来说是个不错的功能，比如，请录入 10 支足球队的名称，然后随机抽取，让球队两两对决。

```
1 team = ['中国','日本','韩国','新加坡','朝鲜','俄罗斯','巴西',
  '德国','法国','英格兰']
2 import random
3 random.shuffle(team)
4 for i in range(0,len(team)-1,2):
5     print(team[i],'\tVS\t',team[i + 1])
```

控制台

```
朝鲜	VS	法国
俄罗斯	VS	德国
中国	VS	新加坡
韩国	VS	英格兰
日本	VS	巴西
程序运行结束
```

randrange() 函数

randrange() 函数，是 rand 和 range 两个单词的合写，range() 函数我们已经知道它的用法，可以有 3 个参数，randrange() 函数功能与 range() 类似。

randrange(x,y,z) 函数能生成一个从 x 到 y，步长为 z 的随机数。

例，执行下列程序：

```
1  import random
2  lst = []
3  for i in range(3):
4      a = random.randrange(0,100,3)
5      lst.append(a)
6  print(lst)
```

运行结果为：

```
控制台
[72,72,57]
程序运行结束
```

知识要点

1. **random 库：一个随机数库，包含很多随机数函数。**
2. **random() 函数：生成 0 到 1 之间的随机浮点数。**
3. **randint(x,y) 函数：生成 x 到 y 之间的随机整数。**
4. **uniform(x,y) 函数：生成 x 到 y 之间的随机浮点数。**
5. **choice(lst) 函数：从列表或者字符串中随机抽取一个数据。**
6. **sample(lst,n) 函数：从列表或者字符串中随机抽取 n 个数据。**
7. **shuffle(lst) 函数：将列表元素随机排序。**
8. **randrange(x,y,z) 函数：生成从 x 到 y，步长为 z 的随机数。**

课堂练习

1．执行下列程序，输出的结果是（　　）。

```
1  from random import *
2  while True:
3      a = randint(1,100)
4      if a ** 4 == 81:
5          print(a)
6          break
```

A．1　　B．3

C．4　　D．9

2．运行下图中的程序，不可能输出的结果是（　　）。

```
1  import random
2  lst_1 = [1,3,5,7,9,11]
3  lst_2 = []
4  for i in range(4):
5      a = random.choice(lst_1)
6      lst_2.append(a)
7  print(lst_2)
```

A．[1,4,9,11]　　B．[1,5,11,5]

C．[11,7,7,7]　　D．[9,11,5,1]

3．游戏中有一定概率会产生暴击效果，写一个程序，当你输入“攻击”时，生成一个随机数，如果随机数在 1 到 5 之间，可以产生暴击效果，如果在 5 到 10 之间则无暴击。用变量存储自己和敌人的血量，互相攻击的时候减掉相应的血量。

```
1  import random
2  blood1 = 100 # 自己血量
3  blood2 = 100 # 敌人血量
4  while True:
5      cmd = input('请输入指令')
```

```
6      if cmd == '攻击':
7          n = random.__________
8      if n < 5:
9          print('暴击')
10         blood2 -= 20
11     else:
12         print('普通攻击')
13         blood2 -= 10
14     if blood2 <= 0:
15         print('你赢了')
16         break
17     n2 = random.__________
18     if n2 < 5:
19         print('敌人：暴击')
20         blood1 -= 20
21     else:
22         print('敌人：普通攻击')
23         blood1 -= 10
24     print('自己：',blood1,'敌人：',blood2)
25     if blood1 <= 0:
26         print('你输了')
27         break
```

请同学们完善上面的程序。然后改一下程序，能不能改成敌人比较强或者比较弱。

4. 执行下列程序，输出的结果最有可能是（　　）。

```
1  import random
2  d = 0
3  for i in range(5):
4      s = random.randint(15,20)
5      d += s
6  print(d)
```

A．35　　　　　　　　　　B．70

C．97　　　　　　　　　　D．105

5．写一个“石头剪刀布”的游戏，用户输入“石头剪刀布”之后，同时让计算机随机生成 1 到 3 的整数，1 代表石头，2 代表剪刀，3 代表布，然后用程序判断是谁赢了。

6．小明是个选择困难症，每天晚上做什么饭都让他很为难，小明心想：如果我把会做的饭全到放到一个列表，每天运行一下程序，随机显示一道菜，那我今晚就做这道菜。请你帮小明完成这个程序，在一个列表中保存 10 道家常菜，运行程序时随机抽取一道菜。

7．福利彩票 31 选 7 的规则是从 1 到 31 中随机挑选 7 个数作为中奖号码，7 个数全中作为一等奖，通常来说中一等奖的概率极低。小明心想：只要我选中 7 个数坚持每一期都买，只要时间足够长，比如坚持买 50 年，我应该能中一等奖。从 31 个整数中随机抽取 7 个数，假设小明坚持买的彩票是 3，8，13，18，23，28，30。现在请编写一个程序，模拟一下小明大约需要经过多少年能抽中一等奖，抽中一等奖时，小明总共花了多少钱买彩票。（一张彩票 2 元）

第 14 课　标准库之时间库——time

时间库 time 也是 Python 中非常重要的库，这个库里的函数用来处理与时间有关的操作。

编程新知

sleep () 函数

sleep() 函数，是让程序等待多少秒的意思。使用之前，我们需要 import time 导入时间库。

编程示例：

```
1 import time
2 print('程序开始')
3 time.sleep(3)
4 print('3 秒钟之后，程序继续')
```

控制台

```
程序开始
3 秒钟之后，程序继续
程序运行结束
```

利用这个函数我们可以做出很多有趣的效果，编程示例：

```
1 import time
2 print('锄禾')
3 time.sleep(1)
4 print('锄禾日当午，')
5 time.sleep(1)
6 print('汗滴禾下土，')
```

```
7   time.sleep(1)
8   print('谁知盘中餐，')
9   time.sleep(1)
10  print('粒粒皆辛苦。')
```

控制台

```
锄禾
锄禾日当午，
汗滴禾下土，
谁知盘中餐，
粒粒皆辛苦。
程序运行结束
```

我们再来模拟一个火箭发射倒计时程序：

```
1  import time
2  for i in range(10,0,-1):
3      print('倒数',i,'秒')
4      time.sleep(1)
5  print('点火，发射！')
```

控制台

```
倒数 10 秒
倒数 9 秒
倒数 8 秒
倒数 7 秒
倒数 6 秒
倒数 5 秒
倒数 4 秒
倒数 3 秒
倒数 2 秒
倒数 1 秒
点火，发射！
程序运行结束
```

localtime () 函数

如果我们想获取计算机当前时间，可以用函数 localtime()，用法如下：

```
1  import time
2  print(time.localtime())
```

控制台

```
time.struct_time(tm_year=2021, tm_mon=3, tm_mday=29, tm_hour=14, tm_min=47, tm_sec=3, tm_wday=0, tm_yday=88, tm_isdst=0)
```

struct_time 对象组装起来的 9 组时间数字处理。详见下表：

序号	属性	含义	值
0	tm_year	4 位数年	如：2021
1	tm_mon	月	1 到 12
2	tm_mday	日	1 到 31
3	tm_hour	小时	0 到 23
4	tm_min	分钟	0 到 59
5	tm_sec	秒	0 到 61（60 或 61 是闰秒）
6	tm_wday	一周的第几日	0 到 6（0 是周一）
7	tm_yday	一年的第几日	1 到 366（儒略历）
8	tm_isdst	夏令时	-1, 0, 1, -1 是决定是否为夏令时的标记

localtime() 输出结果看起来太乱，这时候我们使用转换函数 strftime() 来帮我们转换成容易看懂的格式。

时间格式化 strftime() 函数

```
1  import time
2  print(time.strftime('%Y-%m-%d %H:%M:%S',time.localtime()))
```

控制台

```
2021-03-29 14:50:43
程序运行结束
```

strftime() 函数的功能是将时间转换成自己需要的字符串格式。

这里的“%Y-%m-%d %H:%M:%S”是一个字符串，它有自己的格式要求，其中 %Y 代表年，%m 是月份，%d 是日，%H 是 24 进制的小时，%M 是分钟，%S 是秒。

分隔符“-”和“:”可以根据自己的需要修改，顺序也可以打乱。下面写法也是正确的:

```
1  import time
2  print(time.strftime('time is %H:%M:%S %Y/%m/%d',time.
   localtime()))
```

控制台

```
time is 14:58:53 2021/03/29
程序运行结束
```

利用这个功能，我们可以编写一个时钟的程序来完成定时闹钟的功能。

```
1  import time
2  while True:
3      time1 = time.strftime('%H:%M:%S',time.localtime())
4      print(time1)
5      if time1 == '16:00:00':
6          print('丁零零……，到了下午 4 点了，该放学了')
7          break
8      time.sleep(1)
```

时间标准格式 strptime()

与 strftime() 函数功能相反的是一个能将字符串格式的时间转换成 Python 中标准的时间格式。

```
1  import time
2  time1 = time.strptime('2020-12-31','%Y-%m-%d')
3  print(time1)
```

控制台

```
time.struct_time(tm_year=2020, tm_mon=12, tm_mday=31, tm_hour=0, tm_min=0, tm_sec=0,
tm_wday=4, tm_yday=365, tm_isdst=-1)
程序运行结束
```

为什么要转换成标准时间呢？因为在 Python 中我们对时间的计算不能用字符串计算，转换之后就比较方便处理了。

time () 函数

time() 函数，是用来计算当前时间距离 1970 年 1 月 1 日 0 点的时长，单位是秒，叫作时间戳。

利用 time.time()，可以计算程序执行的时间，我们来做一个有趣的实验，看看程序计算 1 万个数相加用了多长时间：

```
1  import time
2  t1 = time.time()
3  n = 0
4  for i in range(10000):
5      n = n + i
6  print(n)
7  t2 = time.time()
8  print('程序用时',t2 - t1)
```

控制台

```
49995000
程序用时 0.0009999275207519531
程序运行结束
```

知识要点

1. **time.sleep(n)：等待 n 秒。**
2. **time.time()：返回当前时间，格式是距离 1970 年 1 月 1 日 0 点的秒数。**
3. **time.localtime()：返回结构化的时间格式。**
4. **time.strftime(): 能把时间格式化成字符串，“%Y %m %d %H %M %S”代表年月日时分秒。**
5. **time.strptime()：能把字符串按照格式要求变成结构化的时间。**

课堂练习

1. 假设当前时间为 2021 年 5 月 21 日 5 时 21 分 21 秒，则运行下图程序，输出的结果为（　）。

```
1 import time
2 a = time.strftime("%H:%M:%S",time.localtime())
3 print(a[-1])
```

A. 秒　　B. 5

C. 1　　D. 21

2. 今年是 2021 年。运行代码，输出 2021，则①处应填写（　）。

```
1 import time
2 t = time.__①__(time.time())
3 print(t.tm_year)
```

A. time　　B. localtime

C. strftime　　D. sleep

3. 小可迷失在了一个密室，不知昼夜。小可手上只有一个 Python 编辑器，她写了一个程序来获取当前时间。程序如下图所示，则空白①处应填写的是（　）。

```
1 import time
2 a = time.__①__("%Y-%m-%d %H:%M:%S",time.localtime())
3 print(a)
```

A. sleep　　B. strftime

C. time　　D. perf_counter

4. 假设当前时间为：2020 年 4 月 3 号 18 点 30 分 29 秒。则执行下列程序，输出的结果是（　）。

```
1 import time
2 a = time.strftime("%Y-%m-%d %H:%M:%S",time.localtime())
3 print(a)
```

A. 2020–04–03 18:30:29　　B. 2020 年 4 月 3 号 18 点 30 分 29 秒

C. 2020–04–04/03/20 18:30:29　　D. 1585908622.1234481

5．假设当前时间为：2021 年 11 月 20 号 20 点 30 分 45 秒，则执行下列程序，输出的结果是（　）。

```
1  import time
2  t = time.strftime("%Y-%m-%d %H:%M:%S",time.localtime())
3  print(t[3:8])
```

A．20　11　20　　　B．11–20

C．1–11–　　　D．0　11

time.time() 函数为什么从 1970 年 1 月 1 日开始算？

时间在计算机里记录为一个数字，用一个数字代表秒数。计算机发明初期，存储是相当宝贵的，为了节省资源用 32 位来表示时间，只能表示 68 年，于是选取 1970 年 1 月 1 日当作 0 点时间。

除了 %Y%m%d 等常见的格式化字符串外，还有其他的格式：

格式化字符串	日期 / 时间说明	取值范围
%Y	年份	0000~9999
%m	月份（数字）	01~12
%B	月份（英文全称）	January~December
%b	月份（英文缩写）	Jan~Dec
%d	日期	01~31
%A	星期（英文全称）	Monday~Sunday
%a	星期（英文缩写）	Mon~Sun
%H	小时（24 小时制）	00~23
%I	小时（12 小时制）	01~12
%p	上 / 下午	AM，PM
%M	分钟	00~59
%S	秒	00~59

第 15 课　标准库之数学库——math

数学库里包含很多数学计算函数，包括绝对值、平方、开根号、最大公因数等，下面我们逐一介绍。

函数名	描　述
fabs(x)	返回数字的绝对值，如 math.fabs(−10) 返回 10.0
pow(x, y)	计算 x 的 y 次方
sqrt(x)	返回数字 x 的平方根
gcd(x_1, x_2…)	计算几个数的最大公因子
ceil(x)	返回数字的上入整数，如 math.ceil(4.1) 返回 5
floor(x)	返回数字的下舍整数，如 math.floor(4.9) 返回 4

编程新知

fabs (x) 函数：返回数字的绝对值

math 库中的 fabs 与第一册中的 abs() 函数不同的是，如果参数是整数，abs() 返回整数，而 fabs() 返回的是浮点数。

```
1  import math
2  print(math.fabs(3),abs(3))
```

控制台

```
3.0 3
程序运行结束
```

pow(x, y) 函数：计算 x 的 y 次方

这里的 pow() 函数的计算结果是浮点类型，与第一册学的 pow() 函数不同。

编程示例：

```
1 import math
2 print(math.pow(3,2),pow(3,2))
```

控制台

```
9.0 9
程序运行结束
```

可以看出，math 库里的 pow() 函数运算结果是 9.0，而标准库中的 pow() 函数的结果是 9。

sqrt(x) 函数：返回数字 x 的平方根

编程示例：

```
1 import math
2 print(math.sqrt(9))
```

控制台

```
3.0
程序运行结束
```

这里要注意，该函数的计算结果是浮点类型。

我们用数学库 math 和时间库 time 来做一下例题：

游戏中主角的视野距离是 500，坐标为（-400，200），敌人当前处于屏幕中的坐标为（120，50），敌人以每秒钟 5 的速度向正左方向移动，请写一个程序模拟主角发现敌人时，说“发现入侵者”。编程示例：

```
1 import math
2 import time
3 enemy_position = [-400,200] # 主角的坐标
4 my_position = [120,50] # 敌人初始化坐标
```

```
5   time_cost = 0  # 敌人前进的时间
6   while True:
7       time.sleep(1)
8       time_cost += 1
9       print('第%d秒，敌人前进%d米' % (time_cost,time_cost * 5))
10      my_position[0] -= 5  # 敌人前进一次 x 坐标减少 5
11      distance = math.sqrt(
12      math.pow(my_position[0] - enemy_position[0],2)
        + math.pow(my_position[1] - enemy_position[1],2))
13      # 用平面几何知识计算两点间的距离
14      if distance < 500:
15          print('第%d秒发现入侵者'%time_cost)
16          break
```

控制台

第 1 秒，敌人前进 5 米
第 2 秒，敌人前进 10 米
第 3 秒，敌人前进 15 米
第 4 秒，敌人前进 20 米
第 5 秒，敌人前进 25 米
第 6 秒，敌人前进 30 米
第 7 秒，敌人前进 35 米
第 8 秒，敌人前进 40 米
第 9 秒，敌人前进 45 米
第 9 秒发现入侵者
程序运行结束

gcd() 函数：计算几个数的最大公因数

请计算两个数 60 和 48 的最大公因数：

```
1   import math
2   print(math.gcd(60,48))
```

控制台

12
程序运行结束

ceil() 函数：返回数字的上入整数

int() 函数可以把字符串和浮点数转化为整数，但是得到的结果只是整数部分，round() 函数是按照四舍五入来获取整数的。而 ceil() 函数获取的是浮点数的上入整数。

```
1  import math
2  print(math.ceil(3.1),int(3.6),round(3.1))
```

控制台

```
4 3 3
程序运行结束
```

实验小学去春游，总共有 90 人，每条船能坐 13 人，问最少需要租几条船？

编程示例：

```
1  import math
2  print(math.ceil(90 / 13))
```

控制台

```
7
程序运行结束
```

floor() 函数：返回数字的下舍整数

```
1  import math
2  print(math.floor(3.3),math.ceil(3.3))
```

控制台

```
3 4
程序运行结束
```

以上两个函数与四舍五入函数是不同的。ceil() 函数处理参数时，只要参数有小数部分，哪怕再小，只要不是 0，都会进 1。而 floor() 函数，会去掉一切小数点后的数字。

五年级三班有 n 个学生，在体育课上分组进行足球训练。一个组 11 人，最多

能分多少个组？（n 自己输入）

编程示例：

```
1  import math
2  n = int (input (" 请输入五年级三班学生人数：") )
3  print (' 学生人数：',n,' 最多可以分成 ',math.floor (n/11),' 组 ')
```

控制台

```
请输入五年级三班学生人数：38
学生人数： 38 最多可以分成 3 组
程序运行结束
```

知识要点

1. **数学库的导入 import math。**
2. **fabs() 函数：取绝对值，结果是浮点数。**
3. **pow(x,y) 函数：返回 x 的 y 次方。**
4. **sqrt(x) 函数：返回 x 的平方根。**
5. **gcd(x,y) 函数：返回 x、y 的最大公因数。**
6. **ceil() 函数：返回浮点数上入整数。**
7. **floor() 函数：返回浮点数下舍整数。**

课堂练习

1. 小明遇到了一个数学问题，他想使用 Python 编写一个程序解决这个问题。问题如下：一个整数，它加上 100 后是一个完全平方数，再加上 168 又是一个完全平方数，求 10000 以内满足上述要求的数是哪几个数？请帮小明完善下图程序。空白①、②、③处应填写的是？

（注：若一个数能表示成某个整数的平方的形式，则称这个数为完全平方数，例如 9 能表示成 3 的平方，16 能表示成 4 的平方，所以 9 和 16 就是完全平方数。

完全平方数是非负数，而一个完全平方数的项有两个。）

```
1  import math
2  for i in range(10000):
3      x = int(math.__①__(i + 100))
4      y = int(math.__②__(i + 268))
5      if(x ** 2 == (i + 100)) __③__ (y ** 2 == (i + 268)) :
6          print(i)
```

A．sqrt fabs or　　　　B．ceil fabs and

C．sqrt ceil or　　　　D．sqrt sqrt and

2．下面代码运行后输入：8　12，则输出的结果是（　）。

```
1  import math
2  a,b = int(input()),int(input())
3  c = math.gcd(a,b)
4  print(c)
```

A．4　　　　B．8

C．12　　　　D．24

3．某超市经过常年数据统计，发现果汁每天的销量基本稳定在 380 瓶，盘点发现仓库中还有 150 箱果汁，每箱有 12 瓶，超市为了防止断货，需要保证库存中至少有 10 箱。请编程计算大约多少天后需要进货？

第 16 课　第三方库的安装

之前介绍的 turtle、math、time、random 库均属于 Python 标准库，无须单独安装，可直接导入程序中。除了这些标准库，世界各地的优秀软件工程师还开发了很多功能丰富的库，我们可以下载安装后使用。

编程新知

jieba 库是一款优秀的 Python 第三方中文分词库，能把长句子分解为词语，帮助软件工程师实现语意识别和搜索。首先我们学习如何下载和安装第三方库。

jieba 库的下载和安装

在海龟编辑器中下载安装第三方库很方便，点击“库管理”可以弹出库管理的

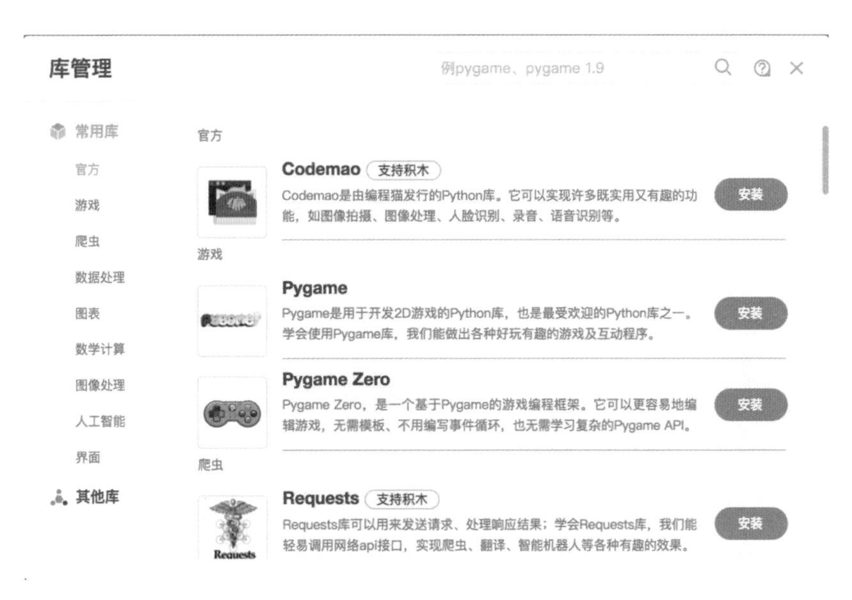

界面。

从搜索栏输入“jieba”，点击搜索按钮，出现后即可安装。

但是 Python 原生开发环境并没有提供这样方便的工具，在 CMD 命令行模式下，我们可以用 pip 命令来实现第三方库的管理。

pip 命令

Python 原生开发环境的安装在第一册的编程百科中我们已经学习了，安装完毕后，启动命令行，在命令行中输入 pip（或 pip help）并回车，就可以查看 pip 命令的使用说明。

控制台

```
C:\Users\Administrator>pip

Usage:
  pip <command> [options]

Commands:
  install                Install packages.
  download               Download packages.
  uninstall              Uninstall packages.
  freeze                 Output installed packages in requirements format.
  list                   List installed packages.
  show                   Show information about installed packages.
  check                  Verify installed packages have compatible dependencies.
  config                 Manage local and global configuration.
  search                 Search PyPI for packages.
  wheel                  Build wheels from your requirements.
  hash                   Compute hashes of package archives.
  completion             A helper command used for command completion.
  help                   Show help for commands.
```

可以看到，pip 命令包含很多子命令，其中最常用的是：

pip install：安装第三方库；

pip download：下载第三方库；

pip uninstall：卸载第三方库；

pip list：显示已经安装的第三方库；

pip show：显示已经安装的第三方库的详细信息；

pip help：显示 pip 命令的帮助信息。

用 pip list 查看已经安装的第三方库：

控制台

```
C:\Users\xukaide>pip list
Package Version
------- -------
easygui 0.98.1
jieba   0.42.1
pygame  2.0.1

用 pip show 查看安装库的详细信息：
C:\Users\xukaide>pip show pygame
Name: pygame
Version: 2.0.1
Summary: Python Game Development
Home-page: https://www.pygame.org
Author: A community project.
Author-email: pygame@pygame.org
License: LGPL
Location: c:\users\xukaide\appdata\local\packages\pythonsoftwarefoundation.python.3.8_
qbz5n2kfra8p0\localcache\local-packages\python38\site-packages
Requires:
Required-by:
```

用 pip 命令安装 jieba 库，可以输入：pip install jieba

控制台

```
C:\Users\Administrator>pip install jieba
Collecting jieba
  Downloading https://files.Pythonhosted.org/packages/c6/cb/18eeb235f833b726522d7ebed54f
2278ce28ba9438e3135ab0278d9792a2/jieba-0.42.1.tar.gz (19.2MB)
    7% |████                              | 1.4MB 87kB/s eta 0:03:23
```

看到这个画面就表示正在安装，安装完毕后就可以在原生环境下使用 jieba 库了：

控制台

```
C:\Users\Administrator>Python
Python 3.6.6 (v3.6.6:4cf1f54eb7, Jun 27 2018, 03:37:03) [MSC v.1900 64 bit (AMD64)] on
win32
Type "help", "copyright", "credits" or "license" for more information.
>>> import jieba
>>> seg_str = “好好学习，天天向上。”
>>> print(jieba.lcut(seg_str))
Building prefix dict from the default dictionary ...
Loading model from cache C:\Users\ADMINI~1\AppData\Local\Temp\jieba.cache
```

控制台

```
Loading model cost 0.866 seconds.
Prefix dict has been built successfully.
['好好学习', '，', '天天向上', '。']
```

知识要点

1. pip 命令，可以用来管理 Python 中的第三方库。

2. pip 常见命令，如下表：

命　令	描　述
pip install	安装第三方库
pip download	下载第三方库
pip uninstall	卸载第三方库
pip list	显示已经安装的第三方库
pip show	显示已经安装的第三方库的详细信息
pip help	显示 pip 命令的帮助信息

课堂练习

1．Python 中能够下载第三方库的命令是（　　）。

A．help　　　　B．pip install

C．install　　　　D．showtime

2．下列不属于 Python 中 pip 的方法的是（　　）。

A．help　　　　B．pipi

C．install　　　　D．show

3．pip 方法可以完成第三方库的安装、下载、卸载、查找和查看等操作。下列选项中，能卸载已安装的库的命令是（　）。

A．pip install　　B．pip download

C．pip uninstall　　D．pip show

4．Python 中能够用于安装第三方库的命令是（　）。

A．help　　B．pip install

C．download　　D．show

编程百科

pip install 命令默认连接 Python 的国外官方服务器，在国内速度比较慢，如果想提高速度，可以指定用国内服务器：

pip install -i https://pypi.tuna.tsinghua.edu.cn/simple wordcloud

其中，“https://pypi.tuna.tsinghua.edu.cn/simple”是服务器地址，用的是清华大学的服务器。

第 17 课　jieba 库的使用

人工智能中的一项重要技术就是对自然语言处理（NLP）：大概意思就是让计算机明白一句话要表达的意思，NLP 就相当于计算机在思考你说的话，让计算机知道“你是谁”“你叫啥”“你叫什么名字”是一个意思。接下来我们来学习一个简单的自然语言处理的第三方库—jieba 库。

jieba 库是优秀的中文分词第三方库， 可以将中文文本通过分词获得单个的词语。

jieba 库分词的原理：jieba 分词依靠中文词库，确定汉字之间的关联概率，汉字间概率大的组成词组，形成分词结果。除了分词，用户还可以添加自定义的词组。

编程新知

jieba 分词的三种模式

精确模式（cut_all=False）：默认模式，把文本精确地切分开，不存在冗余单词。

全模式（cut_all=True）：把文本中所有可能的词语都扫描出来，有冗余。

搜索引擎模式（cut_for_search）：在精确模式基础上，对长词再次切分。

jieba.lcut() 函数

jieba 库中最常用的函数是 lcut()，能将字符串分解为列表。

lcut() 函数的第一个参数是需要分词的字符串；第二个参数是用来控制是否采用全模式，默认为精确模式：cut_all=True 全模式， cut_all=False 精确模式（默认）。

我们来看看 lcut() 是如何应用的：

```
1 import jieba
2 s = '北京清华大学计算机科学实验班姚班由世界著名计算机科学家姚期智院士于2005年创办，致力于培养世界一流高校本科生，领跑国际拔尖创新计算机科学人才'
3 word1 = jieba.lcut(s)
4 print('精确模式：',len(word1),word1)
5 word2 = jieba.lcut(s,cut_all = True)
6 print('全模式：',len(word2),word2)
```

控制台

```
Building prefix dict from the default dictionary ...
Loading model from cache C:\Users\xukaide\AppData\Local\Temp\jieba.cache
Loading model cost 0.924 seconds.
Prefix dict has been built successfully.
精确模式： 30 ['北京','清华大学','计算机科学','实验班','姚班','由','世界','著名','计算机','科学家','姚期智','院士','于','2005','年','创办','，','致力于','培养','世界','一流','高校','本科生','，','领跑','国际','拔尖','创新','计算机科学','人才']
全模式： 53 ['北京','清华','清华大学','华大','大学','计算','计算机','计算机科学','算机','科学','科学实验','实验','实验班','姚','班','由','世界','著名','计算','计算机','计算机科学','算机','科学','科学家','学家','姚期智','院士','于','2005','年','创办','，','致力','致力于','培养','世界','一流','高校','校本','本科','本科生','，','领跑','国际','拔尖','创新','计算','计算机','计算机科学','算机','科学','学人','人才']
程序运行结束
```

将整句分解为词语的用途是什么呢？

1. 统计长篇文章中出现过哪些词以及词的出现频率。

2. 为搜索引擎提供数据，便于按语意进行搜索。

我们来统计上面例题“计算机”这个词语出现的次数：

```
1 import jieba
2 s = '北京清华大学计算机科学实验班姚班由世界著名计算机科学家姚期智院士于2005年创办，致力于培养世界一流高校本科生，领跑国际拔尖创新计算机科学人才'
3 word1 = jieba.lcut(s,cut_all = True)  # 全模式
4 n = word1.count('计算机')  # 统计次数
5 print('计算机出现的次数：',n)
```

控制台

```
Building prefix dict from the default dictionary ...
Loading model from cache C:\Users\xukaide\AppData\Local\Temp\jieba.cache
Loading model cost 0.881 seconds.
Prefix dict has been built successfully.
计算机出现的次数： 3
程序运行结束
```

为什么我们要用 jieba 库来做分词处理而不是用字符串的函数来处理呢？下面的例子可以看出 jieba 库对语意的分解处理。

例如，“今天真热，我想吃雪糕”这句话，如果按照字符串搜索，我们可以搜索到“天真”一词出现在句子中，但是按照语意来理解，显然这句话里的天和真不是一组词。

编程示例：

```
1  s = '今天真热，我想吃雪糕'
2  if '天真' in s:
3      print('你说了"天真"了')
```

控制台

```
你说了“天真”了
程序运行结束
```

这显然不是我们想要的结果，这时就需要 jieba 库来帮忙了。

```
1  import jieba
2  s = '今天真热，我想吃雪糕'
3  lst = jieba.lcut(s)
4  if '天真' in lst:
5      print('包含"天真"')
6  else:
7      print('没找到"天真"')
```

控制台

```
Building prefix dict from the default dictionary ...
Loading model from cache C:\Users\ADMINI~1\AppData\Local\Temp\jieba.cache
Loading model cost 0.923 seconds.
Prefix dict has been built successfully.
没找到“天真”
程序运行结束
```

lcut() 函数的全模式

lcut() 函数支持 2 种分词模式：精确模式、全模式，下面是 2 种模式的特点。

精确模式：试图将语句最精确地切分，不存在冗余数据，适合做文本分析。

全模式：将语句中所有可能是词的词语都切分出来，速度很快，但是存在冗余数据。

```
1  import jieba
2  seg_str = "今天真热，我想吃雪糕。"
3  print(jieba.lcut(seg_str))
4  print(jieba.lcut(seg_str,cut_all = True))
```

控制台

```
Building prefix dict from the default dictionary ...
Loading model from cache C:\Users\ADMINI~1\AppData\Local\Temp\jieba.cache
Loading model cost 0.971 seconds.
Prefix dict has been built successfully.
['今天','真热','，','我','想','吃','雪糕','。']
['今天','天真','热','，','我','想','吃','雪糕','。']
程序运行结束
```

可以看到，全模式下“天真”被当作一个词了。

lcut_for_search() 函数

用 lcut_for_search() 函数可以在精确模式的基础上分得更详细，该方法适用于搜索引擎的分词，粒度比较细。

```
1  import jieba
2  s = '北京清华大学计算机科学实验班姚班由世界著名计算机科学家姚期智院士于2005年创办，致力于培养世界一流高校本科生，领跑国际拔尖创新计算机科学人才'
3  word = jieba.lcut_for_search(s)
4  print('搜索模式：',len(word),word)
```

控制台

```
Building prefix dict from the default dictionary ...
Loading model from cache C:\Users\xukaide\AppData\Local\Temp\jieba.cache
Loading model cost 1.002 seconds.
Prefix dict has been built successfully.
搜索模式： 48 ['北京','清华','华大','大学','清华大学','计算','算机','科学','计算机','计算机科学','实验','实验班','姚班','由','世界','著名','计算','算机','计算机','科学','学家','科学家','姚期智','院士','于','2005','年','创办','，','致力','致力于','培养','世界','一流','高校','本科','本科生','，','领跑','国际','拔尖','创新','计算','算机','科学','计算机','计算机科学','人才']
程序运行结束
```

知识要点

1. jieba 库分词的三种模式：精确模式、全模式、搜索引擎模式。

精确模式：把文本精确地切分开，不存在冗余单词；

全模式：把文本中所有可能的词语都扫描出来，有冗余；

搜索引擎模式：在精确模式基础上，对长词再次切分。

2. jieba 库常用函数

函数	描述
jieba.cut (s)	精确模式，返回一个可迭代的数据类型
jieba.cut (s, cut_all=True)	全模式，输出文本 s 中所有可能单词
jieba.cut_for_search(s)	搜索引擎模式，适合搜索引擎建立索引的分词结果
jieba.lcut (s)	精确模式，返回一个列表类型，建议使用
jieba.lcut (s,cut_all=True)	全模式，返回一个列表类型，建议使用
jieba.lcut_for_search (s)	搜索引擎模式，返回一个列表类型，建议使用

课堂练习

1. 请分别用 jieba 库精确模式和全模式分解下面一句话，观察它们的区别。

```
s = '南京市长江大桥'
```

2. 下列程序可以统计文本中由三个字组成的词语的数量，则____处应填写的内容是（　）。

```
1  import jieba
2  txt='''高楼大厦巍然屹立，是因为有坚强的支柱，理想和信仰就是人生大厦的支柱；航船破浪前行，是因为有指示方向的罗盘，理想和信仰就是人生航船的罗盘；列车奔驰千里，是因为有引导它的铁轨，理想和信仰就是人生列车上的铁轨。'''
3  words = jieba.lcut(txt)
4  n = 0
5  for i in range(0,len(words)) :
```

```
6       if ____:
7           n += 1
8   print(n)
```

A．words[i]=3　　　　B．max(words[0]) == 3

C．words[i] == 3　　　　D．len(words[i])== 3

3．运行代码，进行精确模式分词，运行结果如图所示。则①处应填写（　）。

```
1   import jieba
2   txt = "月落乌啼霜满天江枫渔火对愁眠姑苏城外寒山寺夜半钟声到客船"
3   words = jieba.__①__
4   print(words)
```

控制台

```
Building prefix dict from the default dictionary ...
Dumping model to file cache C:\Users\xukaide\AppData\Local\Temp\jieba.cache
Loading model cost 0.910 seconds.
Prefix dict has been built successfully.
['月落乌啼', '霜', '满天', '江枫', '渔火', '对愁', '眠', '姑苏', '城外', '寒山寺', '夜半钟声',
'到', '客船']
程序运行结束
```

A．lcut(txt)　　　　B．lcut(txt, cut_all=True)

C．lcut_for_search(txt)　　　　D．lcut_for_search(txt, cutall=True)

4．下列程序可以统计文本中由两个字组成的词语的数量，则①处应填写的内容是（　）。

```
1   import jieba
    txt = '''古人云："不为良相，便为良医。"泱泱中华，历史源远流长，行业繁多，
    唯相医并论。
2   白衣天使，多么高贵的称号。吾向往之！
    行医之道，需德才兼备，不计得失，以拯救天下苍生为己任。'''
3   words = jieba.lcut(txt)
4   n = 0
5   for i in range(0,len(words)):
6       if __①__ :
7           n += 1
8   print(n)
```

A．words[i]== 1　　　　B．len(words[i])== 1

C．words[i]==2　　　　D．len(words[i])==2

5．下列程序可以统计文本中由三个或三个以上的字组成的词语的数量，则①处应填写的内容是（　）。

```
1  import jieba
2  str_t = '''
   在汉江北岸，我遇到一个青年战士，他今年才二十一岁，名叫马玉祥，是黑龙江青岗县人。他长着一副微黑透红的脸膛，稍高的个儿，站在那儿，像秋天田野里一株红高粱那样的淳朴可爱。'''
3  wds = jieba.lcut(str_t)
4  L = 0
5  for r in range(0,len(wds)):
6      if  ①  :
7          L += 1
8  print(L)
```

A．wds[r]>=3　　　　B．wds[r]==3

C．len(wds[r])>=3　　　　D．r==3

6．下列选项中属于 jieba 库的全模式的是（　）。

A.
```
1  import jieba
2  seg_list = jieba.cut("我来到了深圳大学")
3  print("Full Mode:"+"/".join(seg_list))
```

B.
```
1  import jieba
2  seg_list = jieba.cut("我来到了深圳大学",cut_all = False)
3  print("Full Mode: "+"/ ".join(seg_list))
```

C.
```
1  import jieba
2  seg_list = jieba.cut("我来到了深圳大学",cut_all = True)
3  print("Full Mode:"+"/".join(seg_list))
```

D.
```
1  import jieba
2  seg_list = jieba.cut_for_search("我来到了深圳大学")
3  print("Full Mode:"+",".join(seg_list))
```

第 18 课　wordcloud 库

词云库（wordcloud）是一个有趣的库，它可以把一个列表中的文字绘制成文字图形。如图：

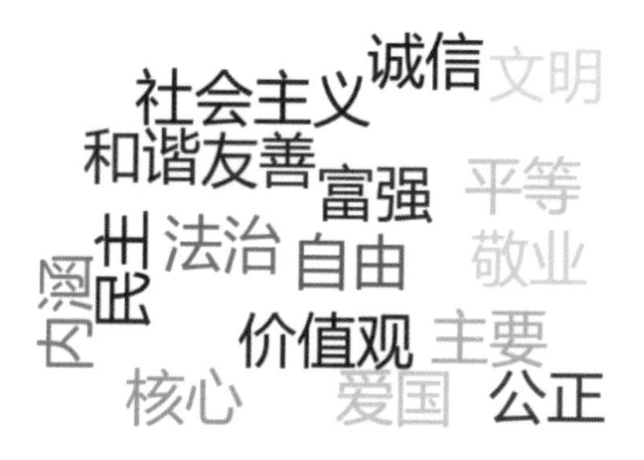

编程新知

词云库安装

使用词云库之前需要先安装，在 Python 命令行模式下可以用 pip install wordcloud 来启动安装。在海龟编辑器中安装更方便，从“库管理”菜单打开库管理界面，搜索并安装 wordcloud。安装完毕后依然是在程序中先引入然后使用。

控制台

```
C:\Users\xukaide>pip install wordcloud
Collecting wordcloud
  Downloading wordcloud-1.8.1-cp38-cp38-win_amd64.whl (155 kB)
     |████████████████████████████████| 155 kB 1.3
MB/s
Collecting pillow
  Downloading Pillow-8.2.0-cp38-cp38-win_amd64.whl (2.2 MB)
     |████████████████████████████████| 2.2 MB 6.8
MB/s
Collecting matplotlib
  Downloading matplotlib-3.4.2-cp38-cp38-win_amd64.whl (7.1 MB)
     |████████████████████████████████| 7.1 MB 6.4
MB/s
Collecting numpy>=1.6.1
  Downloading numpy-1.20.3-cp38-cp38-win_amd64.whl (13.7 MB)
     |████████████████████████████████| 13.7 MB 6.4
MB/s
Collecting kiwisolver>=1.0.1
  Downloading kiwisolver-1.3.1-cp38-cp38-win_amd64.whl (51 kB)
     |████████████████████████████████| 51 kB 228
kB/s
Collecting cycler>=0.10
  Downloading cycler-0.10.0-py2.py3-none-any.whl (6.5 kB)
Collecting python-dateutil>=2.7
  Downloading python_dateutil-2.8.1-py2.py3-none-any.whl (227 kB)
     |████████████████████████████████| 227 kB ...
Collecting pyparsing>=2.2.1
  Downloading pyparsing-2.4.7-py2.py3-none-any.whl (67 kB)
     |████████████████████████████████| 67 kB 4.5
MB/s
Collecting six
  Downloading six-1.16.0-py2.py3-none-any.whl (11 kB)
Installing collected packages: six, python-dateutil, pyparsing, pillow, numpy, kiwisolver,
cycler, matplotlib, wordcloud
  WARNING: The script f2py.exe is installed in 'C:\Users\xukaide\AppData\Local\Packages\
PythonSoftwareFoundation.Python.3.8_qbz5n2kfra8p0\LocalCache\local-packages\Python38\
Scripts' which is not on PATH.
  Consider adding this directory to PATH or, if you prefer to suppress this warning, use --no-
warn-script-location.
  WARNING: The script wordcloud_cli.exe is installed in 'C:\Users\xukaide\AppData\Local\
Packages\PythonSoftwareFoundation.Python.3.8_qbz5n2kfra8p0\LocalCache\local-packages\
Python38\Scripts' which is not on PATH.
  Consider adding this directory to PATH or, if you prefer to suppress this warning, use --no-
warn-script-location.
Successfully installed cycler-0.10.0 kiwisolver-1.3.1 matplotlib-3.4.2 numpy-1.20.3
pillow-8.2.0 pyparsing-2.4.7 python-dateutil-2.8.1 six-1.16.0 wordcloud-1.8.1
```

generate() 函数

使用词云需要先用 wordcloud 库中的 WordCloud() 函数生成词云的画布，然后调用画布对象的 generate(text) 函数生成图片，再用画布的 to_file(file_name) 函数保存成图片文件。

我们先来做个试验：

```
1  import wordcloud
2  w = wordcloud.WordCloud()
3  w.generate('hello world')
4  w.to_file('wc.jpg')
```

程序运行完后，程序所在的目录新增了一个“wc.jpg”图片，打开图片，呈现如下效果：

每次生成图片要手动打开有点太麻烦，我们运用之前学的 easygui 库可以很方便地把图片展现出来，在程序中加上：

```
1  import easygui
2  easygui.msgbox('生成的wordcloud图片',image = 'wc.jpg')
```

运行程序，就可以直接生成图片了。

generate(text) 函数会根据 text 里的内容自动生成图片，text 字符串中单词出现次数多，则显示的文字字号会更大，否则会略小。

```
w.generate('hello hello hello hello hello hello world')
```

可以看到，hello 比 world 要大。

尝试了英文内容之后，我们再试试中文内容，将上面的程序改为：

```
w.generate('词云真好玩')
```

图片出现了 5 个方框，这是因为词云库默认不支持中文，我们需要在 WordCloud() 函数中指明用中文字体才可以。我们可以从“C:/windows/Fonts”目录下复制一个字体文件到程序目录下。如 msyh.ttc，然后把程序改成如下：

```
w=wordcloud.WordCloud(font_path='msyh.ttc')
```

再次运行，中文出现了：

词云库会根据标点符号、空格等来分词显示，所以我们需要用空格或标点符号把字符串分开。

```
w.generate('词云 好玩')
```

结合 jieba 库，我们可以先把大段文字切分，然后把切分后的结果用词云库来

展现。

```
1 import jieba
2 import wordcloud
3 s = '''北京清华大学计算机科学实验班姚班由世界著名计算机科学家姚期智院士于2005年创办,致力于培养世界一流高校本科生,领跑国际拔尖创新计算机科学人才'''
4 word = jieba.lcut(s)
5 print(word)
6 w = wordcloud.WordCloud(font_path = 'msyh.ttc')
7 w.generate(' '.join(word)) # 将列表转化为字符串再生成图片
8 w.to_file('wc.jpg')
```

打开生成图片如图所示：

知识要点

1. **wordcloud 库安装命令：pip install wordcloud。**
2. **WordCloud() 方法：函数生成画布。**
3. **generate() 方法：函数生成图片。**
4. **to_file() 方法：函数保存图片文件。**

课堂练习

请把“绿水青山，就是金山银山”这句话，先用 jieba 库分解，然后用词云库生成图片。

matplotlib 库

词云库使用之前请确保已经安装过 matplotlib 库，否则会无法生成图片。

matplotlib 是一个用来绘制数据图形的库。用这个库可以画出漂亮的折线图、柱状图、散点图、饼状图等。

使用 matplotlib 之前需要先安装它，在命令行下输入 pip install matplotlib 即可启动安装。该库常用的函数如下：

命　令	描　述
plot()	绘制折线图
plot(x,y)	以 x 列表作为横轴标示名称，以 y 列表的数据作为数值，绘制折线图
bar()	绘制柱状图
bar(x,y)	以 x 列表作为横轴标示名称，以 y 列表的数据作为数值，绘制柱状图
scatter()	绘制散点图
scatter(x,y)	以 x 列表作为横轴标示名称，以 y 列表的数据作为数值，绘制散点图
pie(y,d,x)	以 x 列表为数据标签，以 y 列表为数据值，绘制饼状图，d 列表表示饼图中每个色块离圆心的距离，如果 d 为 None，则所有色块都不离开圆心
show()	显示绘图结果

编程示例：

```
1  import matplotlib.pyplot as plt
2  x = ['1','2','3','4','5','6']
3  y = [80,76,40,60,90,100]
4  plt.plot(x,y)
5  plt.show()
```

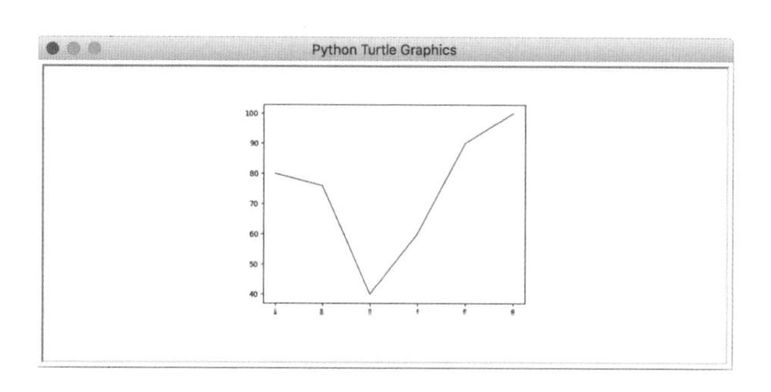

把上面程序中的 plot() 函数改成 bar() 函数即可画出柱状图了。

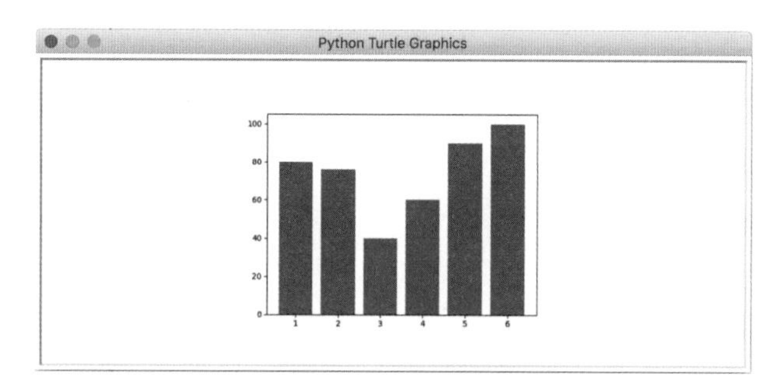

再把 bar() 函数换成 scatter() 函数，即可画出散点图。

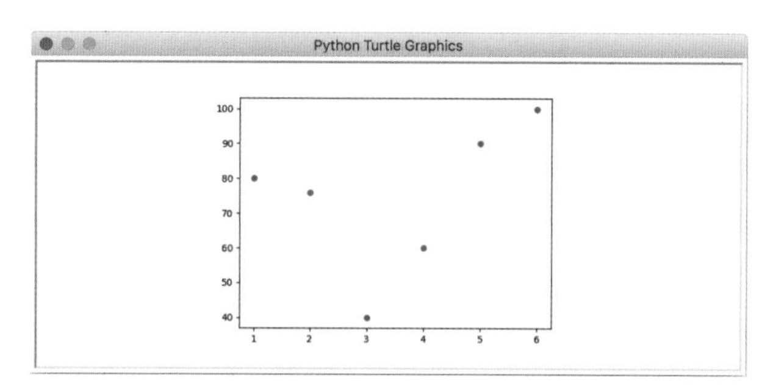

稍微改变一下参数，设置点的形状为五角星，大小调整一下即可出现下面效果：

```
plt.scatter(x,y,marker='*',s=1500)
```

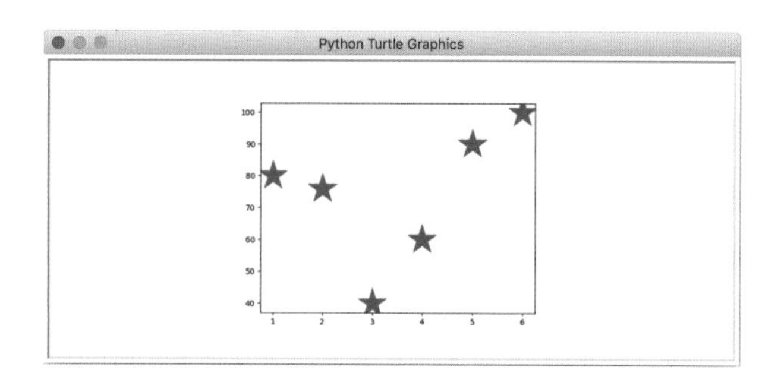

绘制饼图的时候参数顺序与折线图有所区别：

```
plt.pie(y,None,x)
```

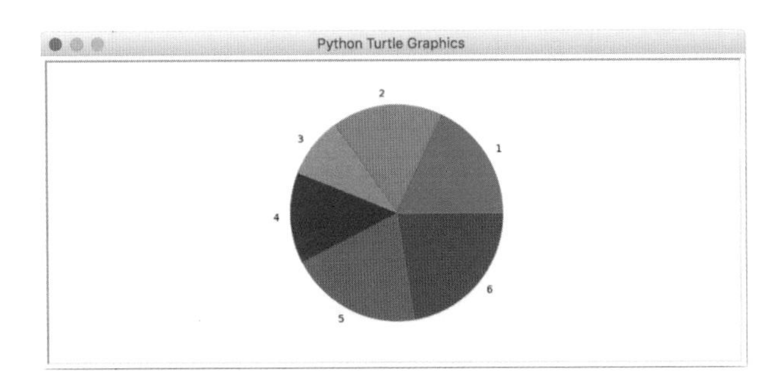

第 19 课　pyinstaller 库

单纯的 py 文件需要依赖 Python 的运行环境才能使用，比如在海龟编辑器中可以运行程序，在 Python 命令行下也可以用 Python ×××.py 命令来运行 ××× 程序。但是如果程序发送给好友，而好友电脑上没有安装 Python 运行环境，程序是无法运行的。而且，直接把程序源文件发送给其他人，也会造成源代码的泄漏。

我们平常使用的 QQ、WPS 等程序都是可执行程序，可执行程序的扩展名是“.exe”。如何能把我们的程序打包成 exe 程序？这就要用到一个库，叫作 pyinstaller。

编程新知

pyinstaller 安装

pyinstaller 库的安装可以在命令行运行“ pip install pyinstaller”来实现。

安装完毕后在命令行模式下输入 pyinstaller 命令，如果出现下面结果，则表示已经安装成功了。

控制台

```
C:\Users\Administrator>pyinstaller
usage: pyinstaller [-h] [-v] [-D] [-F] [--specpath DIR] [-n NAME]
                [--add-data <SRC;DEST or SRC:DEST>]
                [--add-binary <SRC;DEST or SRC:DEST>] [-p DIR]
                [--hidden-import MODULENAME]
                [--additional-hooks-dir HOOKSPATH]
                [--runtime-hook RUNTIME_HOOKS] [--exclude-module EXCLUDES]
                [--key KEY] [-d {all,imports,bootloader,noarchive}] [-s]
                [--noupx] [--upx-exclude FILE] [-c] [-w]
                [-i <FILE.ico or FILE.exe,ID or FILE.icns or "NONE">]
                [--version-file FILE] [-m <FILE or XML>] [-r RESOURCE]
```

控制台

```
[--uac-admin] [--uac-uiaccess] [--win-private-assemblies]
             [--win-no-prefer-redirects]
             [--osx-bundle-identifier BUNDLE_IDENTIFIER]
             [--runtime-tmpdir PATH] [--bootloader-ignore-signals]
             [--distpath DIR] [--workpath WORKPATH] [-y]
             [--upx-dir UPX_DIR] [-a] [--clean] [--log-level LEVEL]
             scriptname [scriptname ...]
pyinstaller: error: the following arguments are required: scriptname
```

pyinstaller 生成可执行文件

pyinstaller 库的命令语法如下：

pyinstaller 选项 Python 源文件

不管这个 Python 应用是单文件的应用，还是多文件的应用，只要在使用 pyinstaller 命令时编译作为程序入口的 Python 程序即可。

pyinstaller 工具是跨平台的，它既可以在 Windows 平台上使用，也可以在 Mac OS X 平台上运行。在不同的平台上使用 pyinstaller 工具的方法是一样的，它们支持的选项也是一样的。

以下面程序为例，将程序保存为 D:/ 打包测试 /hello.py。

```
1  while True:
2      name1 = input('请输入你的名字：')
3      print('hello',name1)
```

在命令行下切换到程序所在目录，然后执行“pyinstaller –F hello.py”，等待程序运行完后，看到如下界面：

控制台

```
6881 INFO: Appending archive to EXE D:\打包测试\dist\hello.exe
6889 INFO: Building EXE from EXE-00.toc completed successfully.

D:\打包测试>
```

即表示打包成功，打包成功后会看到 dist 目录，该目录下会看到“hello.exe”。

双击该程序即可运行：

控制台

请输入你的名字：

把这个程序发送给好友，好友就可以直接运行了。

知识要点

1. **pyinstaller 安装命令： pip install pyinstaller。**
2. **pyinstaller 是一个可以把“py 文件”打包成 exe 可执行文件的库。**

课堂练习

1. 把自己的一个程序打包成 exe 文件。
2. 写一个猜数字的程序，打包后发送给好友。

单元练习

1. 若要生成一个 1 到 20 之间的随机整数，则下列选项正确的是（　）。

   A. random.randint (1, 20)　　B. random.choice (1, 20, 2)

   C. random.random (1, 20)　　D. random.sample (1, 20)

2. 下面程序最可能的结果是（　）。

```
1  import random
2  lst = []
3  for i in range(1,7,2):
4      a = random.randint(2,18)
5      lst.append(a)
6  print(sorted(lst))
```

   A. [5, 1, 12]　　B. [5, 7, 8, 2, 14, 15]

   C. [5, 7, 1]　　D. [2, 2, 18]

3. 执行下列程序，不可能输出的结果是（　）。

```
1  import random
2  list_1 = [-2,-4,-6,-8]
3  d = random.choice(list_1)
4  print(abs(d))
```

   A. 2　　B. –2

   C. 4　　D. 8

4. 下列关于 Python 第三方库的说法不正确的是（　）。

   A. random 库是标准库

   B. jieba 库可以将一段中文分割成中文词语序列

   C. 大多数库都可以通过 pip 安装

D．wordcloud 库是一个可以绘制数据图的库

5．下面的程序运行后不可能的结果是（　　）。

```
1  import random
2  list_1 = []
3  for i in range(5):
4      a = random.randint(1,10)
5      list_1.append(a)
6  random.shuffle(list_1)
7  print(list_1)
```

A．[1, 3, 5, 6, 7]　　B．[7, 6, 5, 3, 1]

C．[7, 5, 6, 3, 1]　　D．[6, 1, 7, 5]

6．运行下列代码，则输出结果可能是（　　）。

输入样例：

5

```
1  import random
2  a = int(input("输入一个整数："))
3  b = "我爱我的国，向这个时代最敬爱的防疫战士致敬！"
4  str1 = ""
5  for i in range(0,a):
6      str1 += random.choice(b)
7      print(str1)
```

A．我爱战士　　B．我时最！！

C．的疫国敬个！　　D．我我 @ 敬我

7．关于 random 库的说法正确的是（　　）。

A．random.random（ ）随机产生一个整数

B．random.randint（1, 10）随机生成 1 到 10 之间的整数

C．random.randrange（1, 10, 2）随机生成 1 到 10 之间的整数

D．random.choice（"abcdef"）返回一个顺序随机打乱的序列

8．关于 Python 第三方库的说法，正确的是（　　）。

A．Python 第三方库在安装 Python 时会一并安装

B．pip install 指令用于展示已安装的库信息

C．可以用 jieba 库生成词云

D．pyinstaller 库可以将 Python 程序打包成可执行文件

9．执行下列程序，输出的结果不可能是（　）。

```
1  import random
2  lst = []
3  for i in range(3):
4      a = random.choice("我爱我的祖国，我对这片土地爱得深沉！")
5      lst.append(a)
6  print(lst)
```

A．['爱','爱','爱']　　B．['爱','爱','我']

C．['爱','深','沉！']　　D．['爱','国','，']

10．pip 方法可以完成第三方库的安装、下载、卸载、查找和查看等操作。下列不属于 pip 的子命令的是（　）。

A．install　　B．download

C．showtime　　D．search

第六单元
综合提升

融会贯通，实战项目。

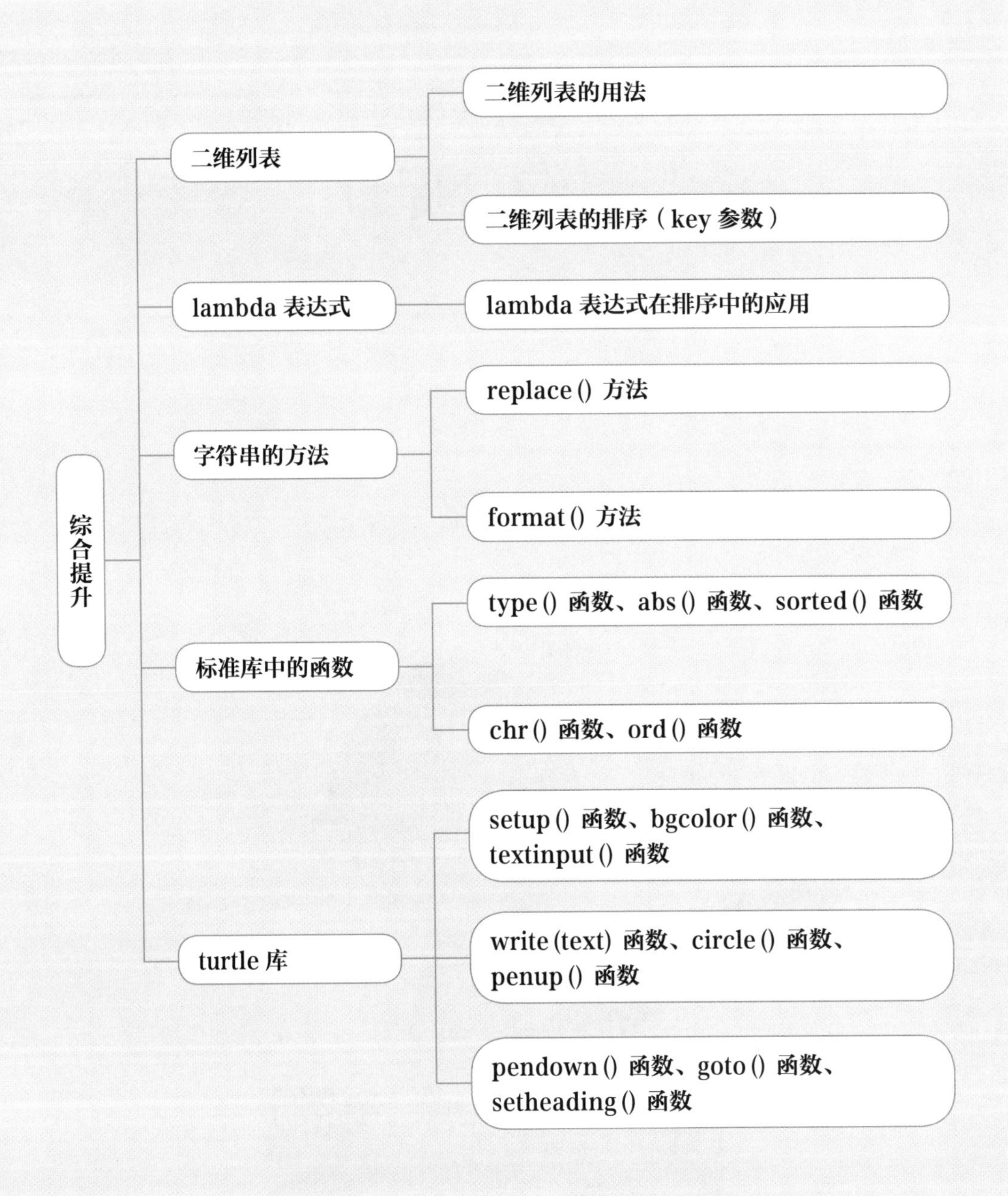
综合提升
二维列表
二维列表的用法
二维列表的排序（key 参数）
lambda 表达式
lambda 表达式在排序中的应用
字符串的方法
replace () 方法
format () 方法
标准库中的函数
type () 函数、abs () 函数、sorted () 函数
chr () 函数、ord () 函数
turtle 库
setup () 函数、bgcolor () 函数、textinput () 函数
write (text) 函数、circle () 函数、penup () 函数
pendown () 函数、goto () 函数、setheading () 函数

列表中可以存放变量，这我们以前就知道，那么列表中能不能存放列表呢？其实列表中什么对象都能存放，当然也能存放列表。

编程新知

二维列表

我们把单个学生的信息存放在列表中：

```
1 ['加加',98,97,100]
```

这种形式的列表叫作一维列表，这种列表的数据看起来就像一条线，从前到后依次排列。

把这个列表存到另外一个列表中，这样我们就能在一个列表中存多个学生的多个信息了。

编程示例：

```
1 lst = []
2 lst.append(['加加',98,97,100])
3 lst.append(['轩轩',93,91,90])
4 lst.append(['雨霏',92,93,99])
5 print(lst)
```

控制台

```
[['加加', 98, 97, 100], ['轩轩', 93, 91, 90], ['雨霏', 92, 93, 99]]
程序运行结束
```

在列表中存放列表，可以更方便地管理多条数据。

这种列表也称为二维列表。二维列表看起来很像 excel 表格：

加加	98	97	100
轩轩	93	91	90
雨霏	92	93	99

从二维列表中取数的操作与一维列表原理是一样的，也可以通过索引取得对应的数据，只是取出来的数据仍然是列表。

```
stu1_info = lst[0]
print(stu1_info)
```

控制台

[‘加加’, 98, 97, 100]
程序运行结束

取出数据后，还可以继续从这个列表中取出想要的数据：

```
print(stu1_info[0])
```

控制台

加加
程序运行结束

上面的程序也可以简单地写成：

```
print(lst[0][0])
```

控制台

加加
程序运行结束

lst[0][0] 意思是先从 lst 中取出 0 号元素，因为 0 号元素也是一个列表，所以再继续从 0 号元素中取出其中的 0 号元素即可。

二维列表修改删除

修改和删除也都可以做相同的操作。

编程示例：

```
1  lst[0][1] = 100  #二维列表元素重新赋值
2  lst[0].append(100 + 97 + 100)  #追加一个总分的元素
3  print(lst[0])
```

控制台

```
['加加', 100, 97, 100, 297]
程序运行结束
```

可以看到，加加的第一科成绩被改成了100分，并且增加了一个数据。现在我们可以利用列表的这一特性写出一个功能强大的学生信息管理系统。

```
1   lst = []
2   while True:
3       cmd = input('请输入指令代码,1录入信息 2查询信息：')
4       if cmd == '1':
5           stu_name = input('请输入学生姓名：')
6           score1 = float(input('请输入语文成绩：'))
7           score2 = float(input('请输入数学成绩：'))
8           score3 = float(input('请输入英语成绩：'))
9           lst.append([stu_name,score1,score2,score3])
10      if cmd == '2':
11          for stu in lst:
12              print(stu)
```

控制台

```
请输入指令代码，1录入信息 2查询信息：1
请输入学生姓名：加加
请输入语文成绩：98
请输入数学成绩：99
请输入英语成绩：100
请输入指令代码，1录入信息 2查询信息：1
请输入学生姓名：轩轩
请输入语文成绩：96
请输入数学成绩：97
请输入英语成绩：98
请输入指令代码，1录入信息 2查询信息：2
['加加', 98.0, 99.0, 100.0]
['轩轩', 96.0, 97.0, 98.0]
请输入指令代码，1录入信息 2查询信息：
```

知识要点

1. 二维列表，在列表中存放列表，即列表中的元素也是列表。

2. 二维列表存取数据，lst[index1][index2]。

3. 二维列表增加和删除元素，与一维列表的操作命令相同，只是列表元素仍然是列表。

课堂练习

1. 请大家根据上面的程序写出自己的学生信息管理系统。

（1）美化输出，当查询成绩的时候能展现如下风格：

姓名	语文	数学	英语
加加	98	97	100
轩轩	93	91	90
雨霏	92	93	99

提示：可以尝试用这种方式输出：

```
print(stu[0],stu[1],stu[2],stu[3],sep = '\t')
```

（2）修改程序，查询成绩的时候能统计出学生的总分数：

姓名	语文	数学	英语	总分
加加	98	97	100	295
轩轩	93	91	90	274
雨霏	92	93	99	284

2. 请大家用二维列表写一个英文字典程序，在列表中预先存储 10 个单词的英文和中文，当用户输入一个单词时，可以输出这个单词对应的中文。

多维列表

列表的维度还可以继续增加，根据程序的需要来决定即可。比如我们存储学生信息的时候把考试日期也存入列表中，而考试日期的年、月、日是分开存放的。

```
1  lst = [
2  ['加加',98,97,90,[2021,4,1]],
3  ['轩轩',93,91,90,[2021,4,1]],
4  ['雨霏',92,93,99,[2021,4,1]]
5  ]
```

如果我们想获取第 0 号学生信息考试月份，就可以这样写：

```
1  print(lst[0][4][1])
```

控制台

```
4
程序运行结束
```

这样就可以把所有复杂信息都存放在列表中了。

第 21 课　二维列表的排序

一维列表的排序我们已经学会了，二维列表的排序该怎么做呢?

编程新知

sort () 排序

列表中的数据可以进行排序，这个知识以前就学过了。

编程示例：

```
1  lst = [88,98,79,98,89,100]
2  lst.sort()
3  print(lst)
```

控制台

```
[79, 88, 89, 98, 98, 100]
程序运行结束
```

但是这仅限于一维列表的排序，很多情况下一维列表并不能满足我们的需求，比如学生信息保存在二维列表中，这时候我们进行排序就比较迷茫了。

```
1  lst = [['轩轩',88,98,79], ['加加',98,89,100]]
2  lst.sort()
3  print(lst)
```

控制台

```
[['加加', 98, 89, 100], ['轩轩', 88, 98, 79]]
程序运行结束
```

列表的子列表中有 4 个数据，我们需要知道按照哪个字段进行排序，这时候就需要用 key 参数。

key 参数

key 参数的语法格式：

```
lst.sort(key= 函数)
```

此时 Python 会按照函数的计算结果进行排序，编程示例：

```
1  lst = [-5,1,2]
2  lst.sort()
3  print(lst)
4  lst.sort(key = abs)  # 按照元素绝对值大小排序
5  print(lst)
```

控制台

```
[-5, 1, 2]
[1, 2, -5]
程序运行结束
```

如果不指定 key 排序是按照数值大小直接排序。如果指定用 abs() 函数对数据进行处理，则会按照取绝对值之后的数据进行排序，于是 –5 就排在最后了。

排序的时候程序会自动把列表中的每项数据作为参数传递给 abs() 函数，经过计算后再排序。

上面展示的是一维列表的排序，如果是二维列表，可以这样写：

```
1  lst = [[5,1,2],[3,3,3]]
2  lst.sort(key = sum)
3  print(lst)
```

控制台

```
[[5, 1, 2], [3, 3, 3]]
程序运行结束
```

程序在排序的时候先把 [5,1,2] 传入函数 sum()，就相当于执行了 sum([5,1,2])，得到的结果是 8，然后传入 [3,3,3]，计算结果是 9，所以排序结果是 [5,1,2] 比 [3,3,3] 小。

自定义排序

除了能用 abs() 或 sum() 这种内置函数，我们还可以自己定义排序的计算函数，编程示例：

```
1  # 定义 my_sort()，并返回列表第一个元素
2  def my_sort(lst):
3      return lst[0]
4
5  lst = [[5,1,2],[3,3,3]]
6  lst.sort(key = my_sort)
7  print(lst)
```

控制台

```
[[3, 3, 3], [5, 1, 2]]
程序运行结束
```

这时候我们是用自己写的函数对列表的元素经过计算后再排序，先把 [5,1,2] 传入函数 my_sort()，函数返回 5，再传入 [3,3,3]，函数返回 3，所以 [3,3,3] 比 [5,1,2] 小。

这样我们就可以对前面的学生成绩进行每个学科排序了：

```
1  def my_sort(lst):
2      return lst[1]
3
4  def my_sort2(lst):
5      return lst[2]
6
7  def my_sort3(lst):
8      return lst[3]
9
10 lst = [['轩轩',88,98,79],['加加',98,89,100]]
11 lst.sort(key = my_sort)
```

```
12  print('按语文排序',lst)
13  lst.sort(key=my_sort2)
14  print('按数学排序',lst)
15  lst.sort(key=my_sort3)
16  print('按英语排序',lst)
```

控制台

```
按语文排序 [['轩轩', 88, 98, 79], ['加加', 98, 89, 100]]
按数学排序 [['加加', 98, 89, 100], ['轩轩', 88, 98, 79]]
按英语排序 [['轩轩', 88, 98, 79], ['加加', 98, 89, 100]]
程序运行结束
```

知识要点

1. 列表的排序如果不指定 key 参数，会按照数值大小进行排序，如果列表中存放的是子列表，会按照子列表第一位进行排序，如果第一位相同，会继续比较第二位，以此类推。

2. 如果指定了“key”参数，“key”是一个函数名，把要排序的数据当作参数传入函数，经过计算后，按计算结果进行排序。

课堂练习

1. 用二维列表保存学生信息：姓名、语文成绩、数学成绩、英语成绩。增加排名功能，按照语文成绩进行排序。

2. 改进上述程序，让用户输入按照语文、数学、英语以及总成绩进行排序。

编程百科

如果列表中存放的是字典，能不能按照字典中的某个键进行排序呢？当然是可以的，我们看下面的程序。

```
1  def my_sort(x):
2      return x['语文']
3
4  lst = [{'姓名':'加加','语文':98,'数学':87,'英语':99},
5  {'姓名': '轩轩', '语文':88, '数学':97, '英语':91}]
6  lst.sort(key=my_sort)
7  print(lst)
```

控制台

```
[{'姓名': '轩轩', '语文': 88, '数学': 97, '英语': 91}, {'姓名': '加加', '语文': 98, '数学': 87, '英语': 99}]
程序运行结束
```

第 22 课　lambda 表达式

排序的时候每次都要自定义一个函数，而且这个函数通常不会很复杂，这个函数又不太可能分享使用，这时候我们就希望有一种更快捷的方式定义一个函数，仅供临时使用。这时候我们就可以用 lambda 表达式了。

编程新知

lambda 表达式（lambda expression）是一个匿名函数，就是为了方便地写出短小且功能简单的函数。

我们先来看一个常见的 lambda 表达式：

```
lambda x:x[1]
```

没错，就这么简单，lambda 作为一个表达式，定义了一个匿名函数，上例的代码 x 为入口参数，x[1] 为函数体。这个表达式相当于上节课用的排序函数 my_sort()。

```
def my_sort(x):
    return x[1]
```

可以看出，在 lambda 表达式中，无须给函数取名字，所有程序写在一行中，定义参数时不用写括号，函数的返回值不用写 return。

lambda 表达式的语法要求是：

```
lambda [arg1 [,arg2, ... argN]] : expression
```

lambda 关键字不能少，参数与表达式之间的“:”必须有。

现在改写一下上节课的排序程序：

```
1  lst = [['轩轩',88,98,79],['加加',98,89,100]]
2  lst.sort(key = lambda x:x[1])
3  print('按语文排序',lst)
```

控制台

按语文排序 [['轩轩', 88, 98, 79], ['加加', 98, 89, 100]]
程序运行结束

程序看起来简练多了，这就是 lambda 表达式最大的作用。

lambda 表达式中也可以写 if 条件判断，只是格式与我们之前写的不同。

编程示例：

```
lambda x : x if x > 0 else - x
```

这个语句表示如果 x>0 返回 x，否则返回 -x，实际起的效果与 abs() 函数一样。

```
1  a = lambda x : x if x > 0 else - x
2  print(a(9))
3  print(a(-9))
```

控制台

9
9
程序运行结束

知识要点

1. lambda 表达式（lambda expression）是一个匿名函数，就是为了方便地写出短小且功能简单的函数。格式：

lambda [arg1 [,arg2, ... argN]] : expression

2. lambda 表达式对二维列表的排序应用。

课堂练习

根据下面代码提示，将列表 lst 里的每个元素都进行平方计算，并将结果存放到一个新列表。

先用 def 来定义函数，编程示例：

```
1  def sq(x):
2      return x*x
3
4  a = list(map(sq,[y for y in range(10)]))
5  print(a)
```

请用 lambda 函数来改造上面代码：

```
1  # map() 是内置函数，作用遍历序列，对序列中每个元素进行操作，最终获取新的序列
2  map(lambda x: x*x,[y for y in range(10)])
```

编程百科

写程序是精简还是易懂，哪个更好？

学完 lambda 表达式之后我们发现有的方法能简化程序，让原本需要十几行的代码变成五六行，代码精炼会让程序看起来很酷，但是关于代码是越精炼越好还是通俗易懂更好的争议其实一直存在。

事实是，适当精简代码并没有错，但并不是越精简越好！

首先，好的代码前提当然是能够正确运行，成功解决了现实需求，这是最重要的。其次，代码是给人看的，要重视可读性，一套思路清晰、程序结构一目了然的代码，会帮助你和后续的开发者更加高效地进行开发，如果我们一味地重视精简代码，可能本来比较清晰的逻辑就变得复杂难懂了，这对以后的开发升级是极度不友好的。最后，变量的命名规范和注释也是很必要的。

第23课　字符串高级方法

Python 编程第一册介绍过字符串的很多方法了，有 split()、join()、find()、index() 等，为了避免大家望而生畏，第一册中并没有把字符串所有函数一一讲解，但在实际开发中，又有很多能减少我们工作量的实用方法，本节课我们将学习几个字符串的常用方法。

编程新知

replace() 方法

replace() 方法可以把字符串中的字符替换成另一段文字，编程示例：

```
1  s = "python,是简单、优雅、明确的编程语言"
2  s_new = s.replace('p','P')
3  print(s_new)
```

控制台

```
Python,是简单、优雅、明确的编程语言
程序运行结束
```

Python 中的字符串是不可修改的，replace() 方法都不会直接修改字符串内容，而是返回修改后的新字符串，我们需要用变量来保存修改后的字符串。

title() 方法

title() 方法可以把字符串中每个单词的首字母变成大写。

```
1  s = "hello,this is Python"
2  s_new = s.title()
```

```
3  print(s_new)
```

控制台

Hello,This Is Python
程序运行结束

upper() | lower() 方法

upper() | lower() 方法能将字符串中所有字符变成大写或小写：

```
1  s = "hello,this is Python"
2  s_new = s.upper()
3  print(s_new)
```

控制台

HELLO,THIS IS PYTHON
程序运行结束

```
1  s = "HELLO,THIS IS PYTHON"
2  s_new = s.lower()
3  print(s_new)
```

控制台

hello,this is python
程序运行结束

字符串的 format() 方法

前面学过 print() 函数的格式化输出，可以快速地把字符串与很多变量实现融合输出，并能控制数据的格式，今天我们再来学习一种更方便的方法。

在字符串中，用“{}”来代表占位符，在 format() 方法的参数中输入要替换的变量，即可实现字符串与变量的融合。

编程示例：

```
1  s = '我叫{}，我今年{}岁'
2  s = s.format('加加',10)
3  print(s)
```

控制台

```
我叫加加，我今年 10 岁
程序运行结束
```

如果我们不想按变量顺序一一替换，还可以指定填充的位置编号：

```
1  s = '我叫{0}，我今年{1}岁，再重复一遍，我的名字是{0}'.format('加加',10)
2  print(s)
```

控制台

```
我叫加加，我今年 10 岁，再重复一遍，我的名字是加加
程序运行结束
```

填充的时候同样可以设置保留小数，序号和格式之间用“:”分隔。

```
1  s = '圆周率是{0:.2f}'.format(3.1415926)
2  print(s)
```

控制台

```
圆周率是 3.14
程序运行结束
```

甚至还可以设置每个变量占多少长度，如果长度不够，用空格来填充：

```
1  s = '我叫{0:>5}，我今年{1:<5}岁，再重复一遍，我的名字是{0:^5}。'.format('加加',10)
2  print(s)
```

控制台

```
我叫   加加，我今年 10   岁，再重复一遍，我的名字是 加加  。
程序运行结束
```

注意：“>5”表示居右对齐，如果长度不够 5，在左边补空格；“<5”表示居左对齐，长度不够在右边补空格；“^5”表示居中对齐，长度不够在两边补空格。

知识要点

1. **replace() 可以把字符串中的字符替换成另一段字符。**
2. **title() 可以把字符串中每个单词的首字母变成大写。**
3. **upper() | lower() 能将字符串中所有字符变成大写或小写。**
4. **字符串中占位符 {} 的用法。**
5. **format() 格式化输出用法。**

课堂练习

1．写一个程序，输出如下格式的内容：

```
控制台
___________________________________________________
___________________________________________________
|                                                 |
|          hello world                            |
|_________________________________________________|
程序运行结束
```

2．用户一次性输入 5 个数，用空格分隔，请计算这 5 个数的平均数。提示：可以用 replace() 方法把空格替换成逗号，然后用 eval() 函数转换成列表。

第 24 课　标准库中的函数

Python 第一册教材中我们学过很多函数，它们有各自的作用，比如，print() 函数能将参数的内容输出到控制台，input() 函数能等待用户键盘输入。本节课我们又将学习 5 个新函数，它们能帮我们实现很多功能。

编程新知

type () 函数

type() 函数可以查询数据的类型。常用的数据类型有整型、浮点型、字符串、列表等。在使用变量存储数据的时候想知道该变量的数据类型，就可以用 type() 函数。

编程示例：

```
1  var = 100
2  print(type(var))
3  var += 1.0
4  print(type(var))
5  var = '分数: ' + str(var)
6  print(type(var))
7  var = var.split(':')
8  print(type(var))
```

控制台

```
<class 'int'>
<class 'float'>
<class 'str'>
<class 'list'>
程序运行结束
```

上述程序中，var 变量被多次改变数据类型，用 type() 函数都可以准确地输出它的类型。有时候在写程序时并不知道用户会输入什么样格式的数据，为了让程序更健壮，能应付更复杂的输入情况，可以在程序中增加类型判断。

abs() 函数

“abs(x)”可以求 x 的绝对值，当 x 为负数时返回值为 –1*x，x 为正数或 0 时，返回值为 x。如果 x 是整数，返回值也是整数，如果 x 是浮点数，返回值也是浮点数。

编程示例：

```
1  print(abs(1))
2  print(abs(-2))
3  print(abs(1.5))
4  print(abs(-2.3))
5  print(abs(0))
```

```
控制台
1
2
1.5
2.3
0
程序运行结束
```

编程示例：

游戏中的主角驾驶飞船沿着 x 坐标轴来回移动，每移动 1 需要消耗燃料 0.3，燃料总量为 100，当前主角位于坐标原点。写一个程序让用户输入每次移动的距离，向右为正数，向左为负数，每次输入完后都输出当前主角所处的位置以及剩余燃料数量，保留 2 位小数。

```
1  p = 0
2  f = 100
3  while True:
4      d = float(input('请输入移动距离：'))
5      p += d
6      f -= 0.3 * abs(d)
7      print('当前位置：',round(p,2),'剩余燃料：',round(f,2))
```

```
控制台
请输入移动距离：5
当前位置： 5.0 剩余燃料： 98.5
请输入移动距离：-0.1
当前位置： 4.9 剩余燃料： 98.47
请输入移动距离：
```

ord () 函数

ord() 函数会显示单个字符 Unicode 码值。

什么是 Unicode 码呢?

Unicode 也叫统一码、万国码，是计算机科学领域的一项业界标准。它为全世界每种语言的每个字符设定了唯一的数字编码。Unicode 编码最多可以容纳 1114112 个字符。

简单的理解，我们可以认为每个字符都有自己的身份证号，ord() 函数可以查询这个字符的身份证号。

编程示例：

```
1  print(ord('a'))
2  print(ord('b'))
3  print(ord('z'))
4  print(ord('青'))
5  print(ord('少'))
6  print(ord('年'))
7  print(ord('!'))
```

```
控制台
97
98
122
38738
23569
24180
65281
程序运行结束
```

需要注意的是，字符串里数字也是当作字符来用，这个知识我们在第一册已经学过，字符串里的数字不能做数学运算，必须经过 int() 或 float() 函数转换成数字才能计算。所以，数字 1 与字符 '1' 不是一回事。

编程示例：

```
1  print(type(1))
2  print(type('1'))
3  print(1 == '1')
```

控制台

```
<class 'int'>
<class 'str'>
False
程序运行结束
```

编程示例：

字符 '1' 有自己的 Unicode 码值，但数字 1 只是数字，没有 Unicode 码值。

```
1  print(ord('1'))
2  print(ord(1))
```

控制台

```
49
Traceback (most recent call last):
  File "D:\test.py", line 2, in <module>
    print(ord(1))
TypeError: ord() expected string of length 1, but int found
程序运行结束
```

chr() 函数

chr() 函数可以查看 Unicode 码值对应的字符，是 ord() 函数的反向操作。

```
1  print(chr(97))
2  print(chr(98))
```

控制台

```
a
b
程序运行结束
```

Unicode 码值的 48–57 是数字 0–9，65–90 是英文字符 A–Z，97–122 是英文字

符 a–z，常用汉字是 19968–40869，我们可以做一个趣味练习，写一个循环，看看能输出哪些有趣的字符。

编程示例：

```
1  for i in range(50000):
2      print(i,':',chr(i),' ',end='')
```

控制台

12090 : 彡 12091 : 彳 12092 : 心 12093 : 戈 12094 : 户 12095 : 手 12096 : 支 12097 : 攴
12098 : 文 12099 : 斗 12100 : 斤 12101 : 方 12102 : 无 12103 : 日 12104 : 曰 12105 : 月
12106 : 木 12107 : 欠 12108 : 止 12109 : 歹 12110 : 殳 12111 : 毋 12112 : 比 12113 : 毛
12114 : 氏 12115 : 气 12116 : 水 12117 : 火

sorted() 函数

sorted() 函数可以实现列表或字符串的排序，大家可能很疑惑，我们不是学过列表的排序了吗，怎么还要一个 sorted() 排序呢，它们之间有什么区别？

我们来做一个实验：

```
1  lst = [1,3,2]
2  lst2 = sorted(lst)
3  print(lst,'\n',lst2,sep = '')
4  s = '132acb'
5  s2 = sorted(s)
6  print(s2)
```

控制台

[1, 3, 2]
[1, 2, 3]
['1', '2', '3', 'a', 'b', 'c']
程序运行结束

从实验中我们可以看出：

1. sorted() 函数不会改变原列表的数据。

2. sorted() 函数执行完毕后会返回一个排序好的新列表，我们需要用一个变量来保存返回结果。

3. sorted() 函数可以对字符串里的内容进行排序，并返回一个排序后的列表。

反观之前我们学的sort()函数，会改变原列表的值，而且不能对字符串进行排序。

```
1  lst = [1,3,2]
2  lst.sort()
3  print(lst)
4  s = '132acb'
5  s.sort()
6  print(s)
```

控制台

```
[1, 2, 3]
Traceback (most recent call last):
  File "D:\test.py", line 5, in <module>
    s.sort()
AttributeError: 'str' object has no attribute 'sort'
程序运行结束
```

sorted() 函数也可以用 reverse 参数使其倒序排序。

```
1  lst = [1,3,2]
2  lst2 = sorted(lst,reverse = True)
3  print(lst2)
```

控制台

```
[3, 2, 1]
程序运行结束
```

如果列表中的数据是字符串，对该列表进行排序时会按照字符串中从左到右每一个字符的 Unicode 码进行排序。如果首字符不同，直接按首字符排序，如果首字符相同，则会继续比较第 2 个字符，以此类推。

请同学们说出下面程序的执行结果。

```
1  print(32 > 5)
2  print('32' > '5')
3  print(32 > 35)
4  print('32' > '35')
5  print('3a' > '3b')
6  print('a3' > 'a2')
```

知识要点

1. **type(x) 函数：返回 x 的数据类型。**
2. **abs(x) 函数：返回 x 的绝对值。**
3. **ord(x) 函数：返回 x 对应的 unicode 码。**
4. **chr(x) 函数：返回数字 x 对应的字符。**
5. **sorted() 函数：对列表或字符串进行排序，返回排序后的列表。**

课堂练习

1．下面程序的执行结果是（　）。

```
print(sorted([13,9,8,12]))
```

A．[13, 9, 8, 12]　　B．[8, 9, 12, 13]

C．[13, 12, 9, 8]　　D．[8, 9, 13, 12]

2．下面程序的执行结果是（　）。

```
list1 = [15,9,22,3,5,33,6,7]
print(sorted(list1,reverse = True))
```

A．[15, 9, 22, 3, 5, 33, 6, 7]　　B．[33, 22, 15, 9, 7, 6, 5, 3]

C．[15, 3, 5, 33, 6, 7, 22]　　D．[3, 5, 6, 7, 9, 15, 22, 33]

3．执行下列程序，输出的结果是（　）。

```
a = -34
b = -2
print(abs(a) < b)
```

A．$-34 < -2$　　B．$34 < 2$

C．True　　D．False

4．运行下列程序，输出的内容是（　）。

```
list1 = [5,9,1,3,5,4,6,7]
```

```
print(sorted(list1))
```

A．[9, 7, 6, 5, 5, 4, 3, 1]　　　　B．[9, 3, 4, 5, 5, 6, 7, 1]

C．[1, 3, 4, 5, 5, 6, 7, 9]　　　　D．[9, 3, 5, 4, 5, 6, 7, 1]

5．下列代码输出的结果是（　　）。

```
print(type(3) == type(3.0))
```

A．True　　　　B．False

C．3　　　　D．3.0

6．chr 函数的作用是将整数转换为对应的 ASCII 字符，ord 函数的作用是将一个字符转换成对应的 ASCII 码值。运行下列代码输出的结果是（　　）。

```
a = ord("A")
for i in range(5):
    print(chr(a + i), end = "")
```

A．ABCDE　　　　B．656676869

C．abcde　　　　D．程序有误

7．执行下列程序，输出的结果是（　　）。

```
lst = [3,7,9,2,4,1]
ans = sorted(lst)
print(ans)
```

A．[3, 7, 9, 2, 4, 1]　　　　B．[9, 7, 4, 3, 2, 1]

C．[1, 2, 3, 4, 7, 9]　　　　D．None

编程百科

ASCII 码、Unicode 码、GBK、GB2312、UTF-8 它们之间的区别是什么？

计算机中存储字符都是用数字来代替的，为什么呢？因为用数字来代表字符所占用的空间是最小的。想一下，全班同学的学号从 1 到 50，这样存储起来是相当简单的，而把每个人的名字写下来需要占用更多空间。

字符的编码，最早是 ASCII 码（American Standard Code for Information Interchange，

美国信息互换标准代码），用一个字节可以代表 0 到 255 个不同字符，大家可以自行搜索 ASCII 表查看不同的码值对应的字符。

ASCII 码无法表示汉字，中国为了能支持中文编码，规定 ASCII 码中低于 127 的仍然表示 ASCII 字符，127 以后的用来表示汉字，两个高于 127 的字节组合到一起来表示一个汉字，这种编码方式就是 GB2312。GBK 编码是比 GB2312 范围更大的编码集，包含了很多生僻字。两个字节组合的编码称之为全角，低于 127 的旧字符仍然用一个字节来存储，称为半角。

GBK 仅限于中国使用，其他国家也发布自己的编码方式，全世界有上百万种不同的字符，各种编码方式互相不兼容，为了解决各国字符的问题，ISO（国际标准化组织）提出了 Unicode 编码，Unicode 编码仅仅是把全世界所有的文字与数字之间做了对应关系，就像给全世界所有的字符发放了身份证。

Unicode 并不关心如何在计算机中存储这些 Unicode 码，使用 Unicode 码表示任何一个字符都需要占用 2 个字节，太浪费空间。UTF-8 是在 Unicode 编码基础上发明的不定长字符编码方式，完美地解决了存储问题。

ASCII 编码：在 txt 文本文件中，默认保存为 ANSI，其实是 GBK 编码。不同国家的 ANSI 代表自己国家的编码。

第25课 海龟又来了

在第一册的学习中，我们了解了海龟库的 forward()、left()、right()、color() 等函数的使用，其实海龟库的功能非常多，这次我们介绍海龟库设置背景颜色、画弧线、在图形中书写文字等功能。

编程新知

函数名	描　述
setup(x,y)	用于设置画布的宽度 x，高度 y
bgcolor(color_name)	设置背景颜色为 color_name
textinput(title,prompt)	弹出一个对话框，提示用户输入文字，对话框的标题栏显示 title，提示文字为 prompt
write(text)	可以在画布中写字，字体是可选参数
circle(x,y)	画一个半径为 x 的圆，圆的弧度是 y，用度数表示。如果 x 是负数，则圆会沿顺时针画
penup()	抬笔
pendown()	落笔
goto()	画笔移动到新坐标
setheading()	设置画笔朝向

编程示例：

```
1  import turtle as t
2  t.setup(500,400)
3  t.bgcolor('gray')
4  colors = ['red','yellow','green']
```

```
5  lst = []
6  for i in range(3):
7      lst.append(float(t.textinput('某超市第一季度数据报表','请输入
       销售金额')
8  t.fd(150)
9  t.lt(90)
10 for i in range(3):
11     t.color('black',colors[i])
12     t.lt(90)
13     t.fd(150)
14     t.begin_fill()
15     t.bk(150)
16     t.rt(90)
17     t.circle(150,lst[i]/sum(lst)*360)
18     t.lt(90)
19     t.fd(150)
20     t.end_fill()
21     t.bk(150)
22     t.rt(90)
23 t.penup()
24 t.goto(-150,-180)
25 t.setheading(0)
26 t.write('第一季度{:.2f},第二季度{:.2f},第三季度{:.2f}'.format(lst
   [0],lst[1],lst[2]))
27 t.done()
```

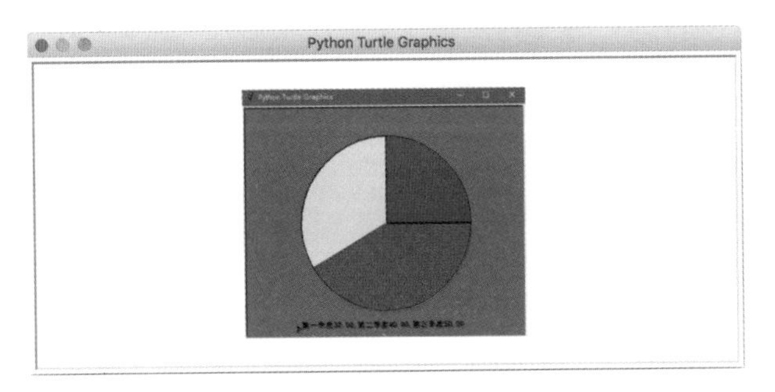

上述程序的运行结果如上图所示，绘制的是某个公司 3 个季度产品销量饼状图，

程序中灵活运用 circle() 函数绘制了 3 个弧度不同的扇形，并填充了不同的颜色，用来表示不同季节的产品销量占比。用 write() 函数书写了图例，便于用户清晰地知道图表的意思。

课堂练习

1. 运行下列代码，绘制的图形是（　　）。

```
1  import turtle as t
2  t.circle(-50,extent = 180)
3  t.done()
```

A. 

B. 

C. 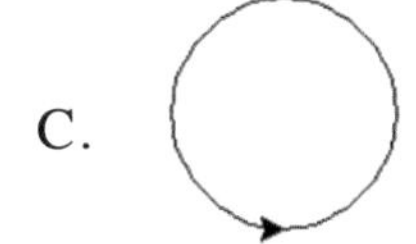

D. 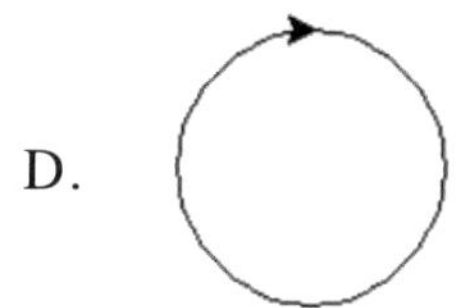

2. 请尝试画出以下图形。

3. 请画出如下图形。

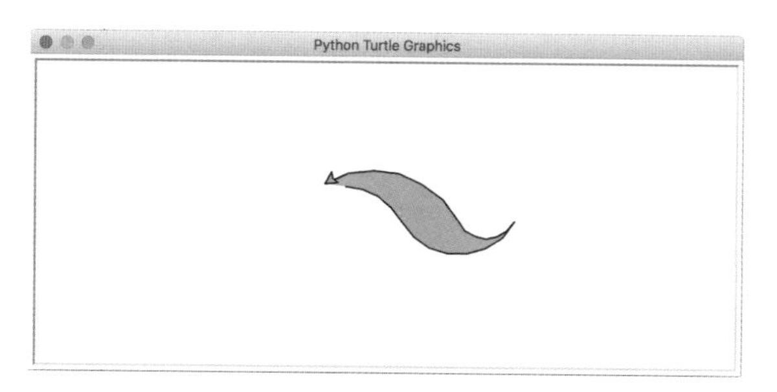

第 26 课　综合实战——学习强国趣味知识问答

我们用学过的变量、条件判断、循环、海龟画图、异常处理、自定义函数、面向对象、jieba、词云、文件操作、列表、字典、模块、随机数、时间库、matplotlib 等知识开发一个功能完备的程序。

学习强国趣味知识问答软件具备如下功能：

1. 用户注册

系统采用 easygui 做 UI。用户需要注册账号来完成答题，答题完毕后会记录每次答题的得分。注册时需要填写用户名、密码、班级（或工作单位）。账号和密码信息需要加密存储，防止他人直接打开文件查看别人的账号密码。后面用到的题库、答题记录等都需要加密存储。

2. 用户登录

用已经注册过的账号和密码登录系统，登录成功后可以选择修改个人信息，但是账号名称无法修改。

3. 回答问题

选择开始答题后程序开始计时，格式为“年 / 月 / 日 时 : 分 : 秒”，总共回答 10 个问题，回答完毕后会显示正确与否，以及该题的题目分析，然后进入下一题。

4. 评分系统

10 道问题回答完毕后，系统统计回答正确数量，每道题 10 分。然后计算答题时间，如果总时间超过 200 秒，超过部分每 10 秒钟扣 10 分，如果总时间小于 100 秒，每少 10 秒加 10 分。显示完得分后将得分保存在文件中，便于日后统计分析。

5. 查看排名

显示当前系统中所有注册用户的答题次数、总得分、平均得分、最高得分，按最高分倒序排序。

6. 个人成绩分析

查询单个用户的所有历史成绩。

7. 录入新题目

任何用户都可以增加题目，每个题目都需要 A、B、C、D 四个备选答案，录入题目时需要给出正确答案以及题目解析。录入的新题目自动保存到题库中，答题时能显示出题人信息。

8. 制作程序启动界面

用 jieba 库和 wordcloud 库结合，将题库中所有文字进行拆分、统计，展现一个按词组的出现频率形成的欢迎界面。

9. 将程序打包成 exe 文件，发送给好友共同测试该程序

看完需求分析第一感觉是功能很多，程序很复杂，不过好在我们已经学过了模块化的程序开发，把大问题分解成小问题之后逐个开发，每个功能都不会太复杂。分析需求之后我们可以先把程序框架做出来，前几章我们学过自定义函数了，所以可以采用自定义函数的形式，先把函数名写出来，函数功能留待后续完善。

为了实现分模块开发的目标，我们先在 D 盘新建一个文件夹“学习强国”，新建四个模块 welcome.py、reg_user.py、query.py 和 login.py，在 welcome.py 中写入一个待完成的函数。

在 welcome.py 中我们计划实现程序启动界面功能，在 reg_user.py 中我们实现用户注册和信息修改功能，在 query.py 中实现用户录入题目、回答问题和成绩查询功能，在 login.py 中实现用户登录功能。

```
def show_welcome():
    '''显示欢迎页面，读取题库，用 jieba 库拆分，用 wordcloud 库生成图片。
```

```
    然后用 easygui 显示该图片
    '''
    print('欢迎页面正在开发中，请稍候')
```

在 reg_user.py 中写入一个待完成的函数：

```
def reg_new_user():
    '''该函数完成新用户注册，
    用 easygui 窗口提示用户输入账号、密码、单位信息，
    注册后保存在文件 user_info.txt 中'''
    print('注册用户功能正在开发中，请稍候')
```

在 login.py 中写入一个待完成的函数：

```
def user_login():
    '''该函数提示用户输入账号和密码，检查是否正确，
    正确输入后出现功能列表，输入错误后继续提示用户输入'''
    print('登录功能正在开发中，请稍候')
```

在 query.py 中写入待完成函数：

```
1  import easygui
2  def querys():
3      '''显示查询功能列表'''
4      print('查询功能正在开发中，请稍候')
```

然后新建主程序 main.py，程序如下：

```
1  from easygui import *
2  from reg_user import *
3  from login import *
4  from welcome import *
5  from query import *
6  show_welcome()
7  while True:
8      cmd = buttonbox('请选择功能',choices = ['注册','登录','查询',
       '退出'])
9      if cmd == '注册':
10         reg_new_user()  # 调用注册新用户函数
```

```
11        elif cmd == '登录':
12            user_login()  # 调用用户登录函数
13        elif cmd == '查询':
14            querys()  # 显示查询界面
15        elif cmd == '退出':
16            break
```

作为主程序 main.py 主体功能已经完成了，我们可以自行测试程序了，运行主程序后，点击各个功能按钮，试验按钮与函数是否可以正常运行。

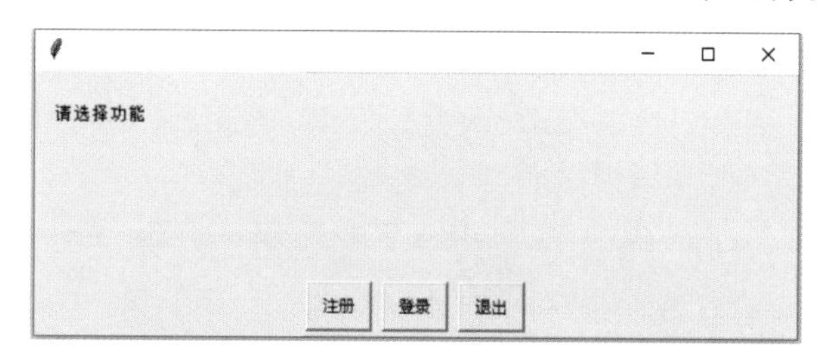

控制台

欢迎页面正在开发中，请稍候
注册用户功能正在开发中，请稍候
用户登录功能及登录后操作正在开发中，请稍候
程序运行结束

如果都能正常运行，以后就可以把工作重点放在 welcome.py、reg_user.py、login.py 和 query.py 四个模块中了。当然，我们也可以团队作战，把这四个模块发送给队友，每个人完成各自的功能。

由于程序中需要存储用户信息、题库、用户做题记录、得分记录，我们先手工创建四个空文本文件 user_infos.txt、questions.txt、records.txt、scores.txt。

再来分析各个模块，因为 welcome() 函数需要读取题库信息，现在还没有题库文件，所以这个功能暂缓开发，我们先来实现用户注册功能。

```
1  import easygui
2  from encode import *
3  def reg_new_user():
       '''该函数完成新用户注册，
       用 easygui 窗口提示用户输入账号密码单位信息，
       注册后保存在文件 user_info.txt 中'''
```

```
4         f = open('user_infos.txt','r',encoding = 'utf-8')
5         s = f.read()
6         f.close()
7         if s == '':
8             s = decode(f.read())
9         user_infos = eval(s)   # 从文件中读取所有用户信息
10    # 新注册的用户信息存储在列表中
11        infos = easygui.multenterbox('请输入注册信息',fields = ['账号',
          '密码','班级'])
12        for i in user_infos:
13            if i[0] == infos[0]:   # 第 0 号元素存储账户名，判断用户要注册
              的账号是否已经存在
14                easygui.msgbox('该账号已经存在，请换个名字试试')
15                break
16            else:
17                user_infos.append(infos)
18                f = open('user_infos.txt','w',encoding = 'utf-8')
19                f.write(encode(str(user_infos)))
20                f.close()
21                easygui.msgbox('注册成功')
22
23    if __name__ == '__main__':
24        reg_new_user()
```

运行该模块，经过多次测试，证明注册用户功能正常使用。这时候再运行 main.py，可以发现，注册用户的功能可以使用了。

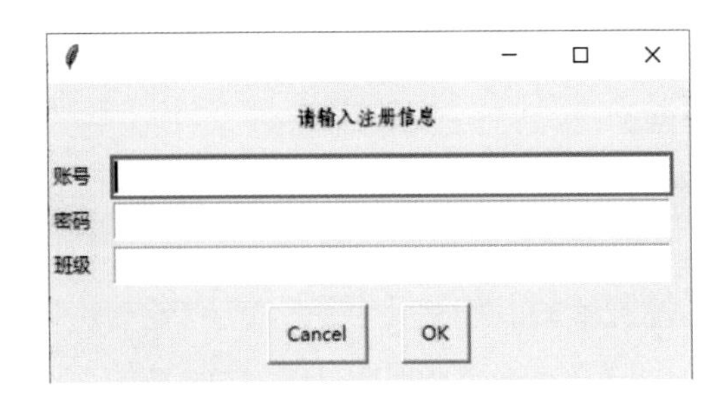

为了开发时方便使用，我们先不考虑加密的问题，等全部功能开发完毕后再统

一加入加密功能。下面我们再来实现登录功能，修改 login.py 模块中的 user_login() 函数。

```
1   import easygui
2   user_name = '' # 创建一个全局的 user_name 变量
3   def show user interface():
        '''显示用户界面，答题，录入题目，成绩查询'''
4       pass
5   def user_login():
        '''该函数提示用户输入账号和密码，检查是否正确，正确输入后出现功能列表，
        输入错误后继续提示用户输入'''
6       global user_name
7       user_name = easygui.enterbox('请输入用户名：')
8       user_psd = easygui.passwordbox('请输入密码：')
9       f = open('user_infos.txt','r',encoding = 'utf-8')
10      s = f.read()
11      f.close()
12      if s == '':
13          s = '[]'
14      user_infos = eval(s)
15      for i in user_infos:
16          if i[0] == user_name and i[1] == user_psd:
17              easygui.msgbox('欢迎您登录系统')
18      # 我们将在此调用用户界面，实现答题等功能选择
19              show_user_interface()
20              break
21          else:
22              easygui.msgbox('账号或密码错误，请重试')
23
24  if __name__ == '__main__':
25      user_login()
```

经过测试验证，用户能正常登录了，运行效果如下：

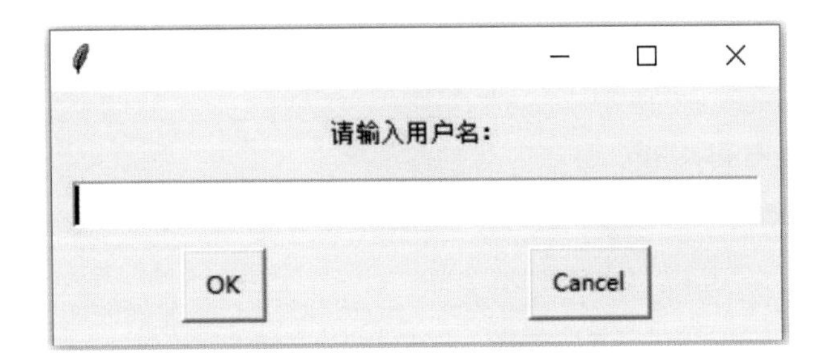

现在我们需要开发缺失的 show_user_interface() 函数了。

```
1  def start_test():
2      pass
3  def add_question():
4      pass
5  def change_psd():
6      pass
7  def show_user_interface():
8  '''显示用户界面，答题，录入题目，成绩查询'''
9      while True:
10         cmd = easygui.buttonbox('请选择功能',choices =['答题',
           '录入题目','改密码','返回'])
11         if cmd == '答题':
12             start_test() # 进入答题界面
13         elif cmd == '录入题目':
14             add_question() # 进入添加试题界面
15         elif cmd == '改密码':
16             change_psd() # 进入成绩查询界面
17         elif cmd == '返回’:
18             break
19         pass
```

程序运行效果如下：

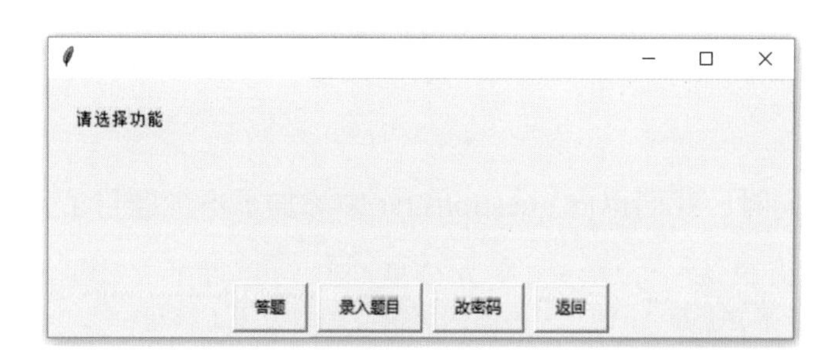

每写完一个函数，我们都需要经过严格测试，防止影响后续工作。问题暴露得越早，修改的成本越小。后面我们不再强调，默认每一个函数写完之后都要经过严格测试。

由于题库中现在还没有题目，所以我们先实现添加题目的函数。

```
1  def add_question():
2      try:
3          f = open('questions.txt','r',encoding = 'utf-8')
4          s = f.read()
5          f.close()
6          if s == '':
7              s = '[]'   # 如果文件中没有任何用户，初始化成空列表
8          questions = eval(s)
9          question = easygui.enterbox('请输入题目：')
10         answera = easygui.enterbox('请输入备选项A：')
11         answerb = easygui.enterbox('请输入备选项B：')
12         answerc = easygui.enterbox('请输入备选项C：')
13         answerd = easygui.enterbox('请输入备选项D：')
14         answer = easygui.enterbox('请输入正确答案选项(单选)：A B C D')
15         tips = easygui.enterbox('请输入题目解析：')
16         questions.append([question,answera,answerb,answerc,
           answerd,answer,tips,user_name])
17         f = open('questions.txt','w',encoding ='utf-8')
18         f.write(str(questions))
19         f.close()
20     except:
```

```
21            easygui.msg('添加题目时出错，请重新添加')
22        pass
```

测试程序的同时，我们也向 questions.txt 中添加了不少题目了，格式如下：

[['中国的面积是？','A.960 平方公里','B.960 万平方公里','C.960 万平方米','D.960 平方公里','B','中国的面积是 960 万平方公里。','小明'],['中国比美国？','A.大','B.小','C.一样大','D.不知道','B','美国的面积比中国大','小张']]

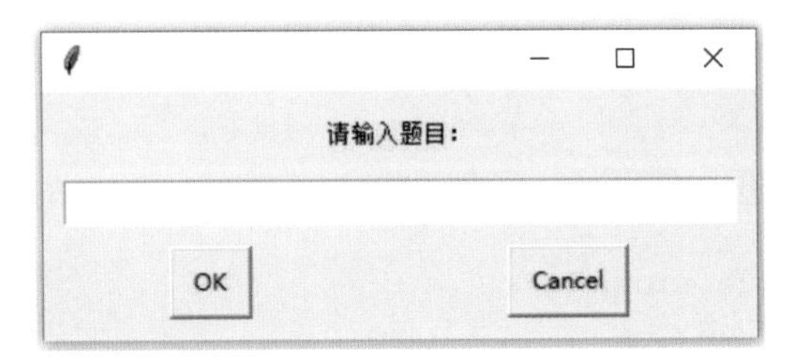

接下来，该开发答题函数了。

```
1   start_time = 0  # 用两个全局变量记录开始答题时间和结束答题时间
2   end_time = 0
3   user_score = 0  # 用户最后得分
4   def answer(question):
5       pass
6
7   def show_result():
8       pass
9
10  def start_test():
11      global start_time
12      global end_time
13      f = open('questions.txt','r',encoding = 'utf-8')
14      s = f.read()
15      f.close()
16      if s == '':
17          s = '[]'   # 如果文件中没有任何用户，初始化成空列表
18      questions = eval(s)
```

```
19
20      if len(questions) >= 10:
21          import time
22          start_time = time.time()
23          import random
24          my_questions = random.sample(questions,10)
25          for i in my_questions:
26              answer(i)  # 显示题目并获得回答，判断对错
27          end_time = time.time()
28          show_result()  # 显示答题结果
29      else:
30          easygui.msgbox('题目不足10道题，请先添加题目')
31      pass
```

在上面的函数中，我们从列表中随机挑选10个题目，并在循环中依次让用户回答，为了防止程序过长，我们将答题部分独立成一个函数answer()。下面完善一下answer()函数。

```
1   def answer(question):
2       global user_score
3       r = ''
4       my_answer = easygui.buttonbox('\n'.join(question[:5]),
        choices=['A','B','C','D'])
5       if my_answer == question[5]:
6           user_score += 10
7           r = '正确'
8
9       else:
10          r = '错误'
11      easygui.msgbox(r + '\n题目解析: %s  \n出题人: %s'%(question[6],
        question[7]))
12      f = open('records.txt','a',encoding = 'utf-8')
13      f.write(str([user_name,time.strftime('%Y/%m/%d %H:%M:%S',
        time.localtime()),question[0],r])+',')
```

```
14        f.close()
15        pass
```

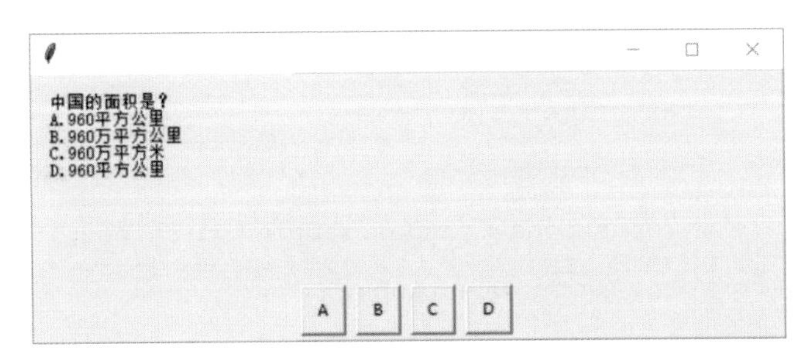

现在已经可以答题了，回答完全部问题后，最好显示一下本局得分。

```
1   def show_result():
2       #显示答题结果
3       global user_name
4       import math
5       global user_score
6       correct_count = user_score/10
7       time_cost = int(end_time-start_time)
8       if time_cost < 100:
9           user_score += 10 * math.floor((100 - time_cost) / 10)
10
11      if time_cost > 200:
12          user_score -= 10 * math.ceil((time_cost - 200) / 10)
        easygui.msgbox('%s 本局题目总数 10，正确：%d，错误：%d，用时：%d，
13      综合得分：%d'%(user_name, correct_count, 10-correct_count,
        time_cost,user_score))
14      f = open('scores.txt','a',encoding = 'utf-8')
        f.write(str([user_name,time.strftime('%Y/%m/%d %H:%M:%S',
15      time.localtime()),correct_count,time_cost,user_score])
        +',')
16      f.close()
17      pass
```

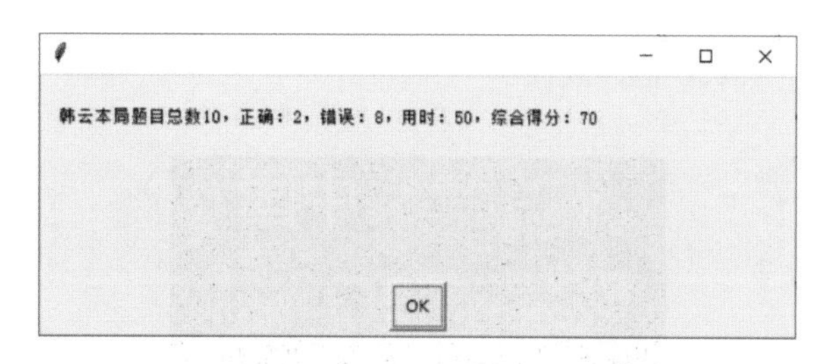

主体部分程序基本完成了。经过长时间测试无误后我们进行辅助功能的开发。

欢迎页面采用 jieba 库把题库里的所有文字拆解成词组，然后用 wordcloud 库生成图片，用 easygui 库显示图片。

```
1  import jieba
2  import wordcloud
3  import easygui
4  from encode import *
5  def show_welcome ( ) :
6      ''' 显示欢迎页面，读取题库，用 jieba 库拆分，用 wordcloud 库生成图片。
       然后用 easygui 显示该图片
7      '''
8      f = open ( 'questions.txt',encoding = 'utf-8' )
9      s = decode ( f.read)
10     f.close ( )
11     lst = jieba.lcut ( s )
12     wc = wordcloud.WordCloud ( font_path='c:/windows/fonts/msyh.ttc' )
13     image = wc.generate ( ''.join ( lst ) )
14     image.to_file ( 'welcome.jpg' )
15     easygui.msgbox ( ' 欢迎使用学习强国知识问答系统 ',image = 'welcome.jpg' )
16 if __name__ == '__main__':
17     show_welcome ( )
```

程序运行效果如下：

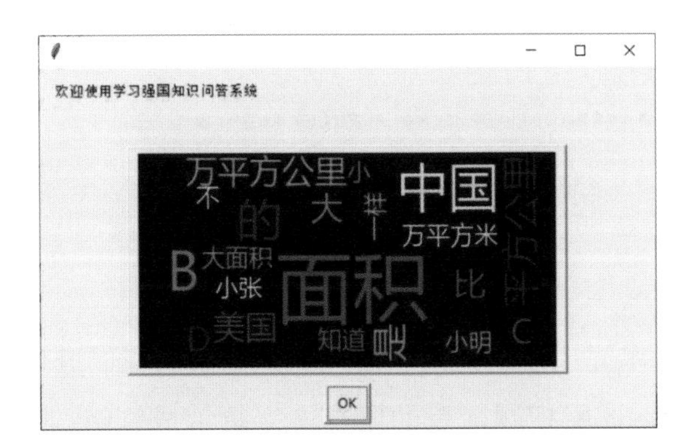

用户修改密码的函数还没完成，程序如下：

```
1  def change_psd():
2      global user_name
3      new_info = easygui.multenterbox('请输入新的信息',fields=['密码',
       '班级'])
4      f = open('user_infos.txt','r',encoding = 'utf-8')
5      s = f.read()
6      f.close()
7      lst = eval(s)
8      for i in lst:
9          if i[0] == user_name:
10             i[1] = new_info[0]
11             i[2] = new_info[1]
12             f = open('user_infos.txt','r',encoding ='utf-8')
13             f.write(str(lst))
14             f.close()
15             easygui.msgbox('密码修改成功')
16     pass
```

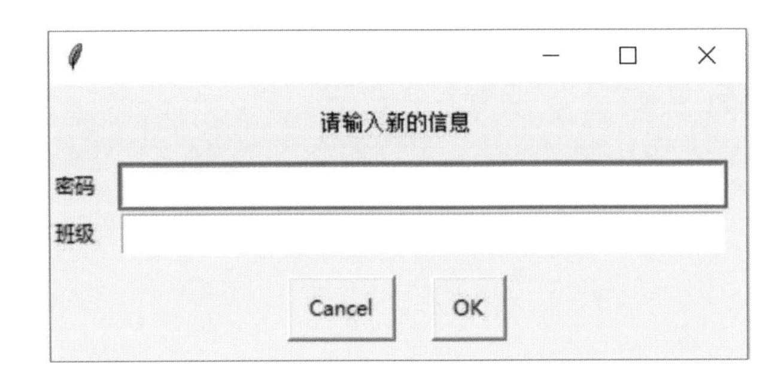

程序基本功能运行无误后，我们可以写查询函数了。打开 query.py 文件，修改函数。

```
1  import easygui
2  def querys ( ) :
3  ''' 显示查询功能列表 '''
4      cmd = easygui.choicebox ( ' 请选择统计方式 ',choices=[ ' 成绩排名 ',
       ' 个人成绩 '] )
5      if cmd == ' 成绩排名 ':
6          query1 ( )
7      elif cmd == ' 个人成绩 ':
8          query2 ( )
9
10 if __name__ == '__main__':
11     querys ( )
```

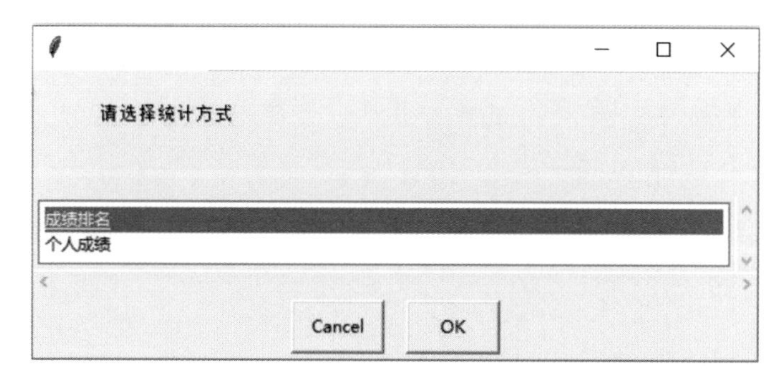

该函数中又调用了两个函数，分别实现查询所有人成绩和查询个人成绩，我们再把这两个函数完成。

```
1  def query1 ( ) :
2      # 成绩排名
3      f = open ( 'scores.txt',encoding = 'utf-8')
4      s = f.read ( )
5      f.close ( )
6      lst = eval ( '['+ s +']')
7      lst.sort ( key = lambda x:x[4],reverse = True)
8      lst2 = []
```

```
9        result = '姓名\t正确数\t用时\t得分\t时间\n'
10       for i in lst:
11           if i[0] not in lst2:
12               result += '%s\t%d\t%d秒\t%d\t%s\n'%(i[0],i[2],
                 i[3],i[4],i[1])
13               lst2.append(i[0])
14       easygui.msgbox(result)
15       pass
16
17   def query2():
18       # 查询个人成绩
19       f = open('scores.txt',encoding = 'utf-8')
20       s = f.read()
21       f.close()
22       lst = eval('['+ s +']')
23       user_name = easygui.enterbox('请输入要查询的用户名')
24       result = '姓名\t正确\t用时\t得分\t时间\n'
25       for i in lst:
26           if i[0] == user_name:
27               result += '%s\t%d\t%d秒\t%d\t%s\n'%(i[0],i[2],
                 i[3],i[4],i[1])
28       easygui.msgbox(result)
29       pass
```

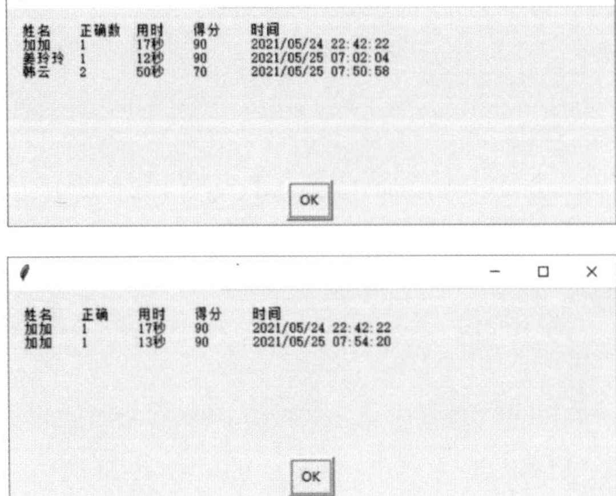

至此，程序需要的主要功能基本完成。需求中还提到需要将文件信息进行加密，我们再增加一个模块，encode.py 用来给字符进行编码加密。在 encode 模块中增加两个函数。

```
1  def encode(s):
2      '''将字符串 s 中的每一个字符的 Unicode 码加 1'''
3      s_new = []
4      for i in s:
5          s_new.append(chr(ord(i) + 1))
6      return ''.join(s_new)
7
8  def decode(s):
9      '''将字符串 s 中的每一个字符的 Unicode 码减 1'''
10     s_new = []
11     for i in s:
12         s_new.append(chr(ord(i) - 1))
13     return ''.join(s_new)
14 if __name__ == '__main__':
15     test_s = '你好，Python'
16     s_encode = encode(test_s)
17     print(s_encode)
18     s_decode = decode(s_encode)
19     print(s_decode)
```

控制台

```
佡妀－Qzuipo
你好，Python
程序运行结束
```

经测试两个函数能正常使用，我们可以用加密函数把之前的 questions.txt 和 user_infos.txt 文件内容加密，避免重新录入题目。

```
1  from encode import *
2  f = open('questions.txt','r',encoding = 'utf-8')
3  s = f.read()
```

```
4   f.close()
5   f = open('questions.txt','w',encoding = 'utf-8')
6   f.write(encode(s))
7   f.close()
```

加密后的 questions.txt 如下：

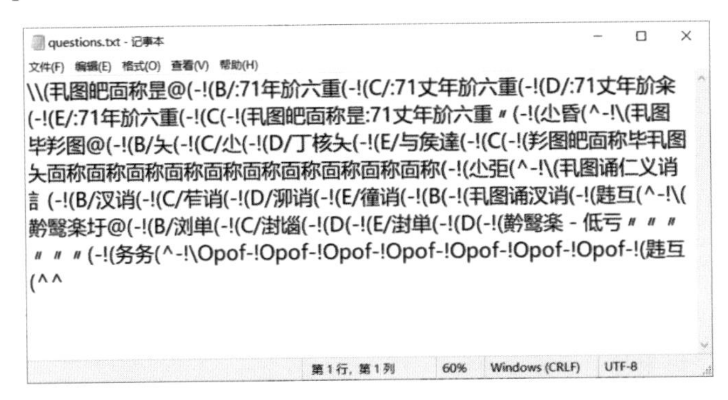

经过简单的加密之后，文件中的内容已经变成了常人无法理解的乱码了。

测试完 encode() 函数和 decode() 函数后，我们在上述所有程序中，凡是涉及文件写入操作的程序，都用 encode() 函数进行处理，凡是从文件读取内容的程序，读取的字符串全用 decode() 函数进行处理。如：reg_user.py 模块中现导入 encode 模块，然后修改 reg_new_user() 函数，s = f.read() 程序改为 s=decode(f.read())。f.write(str(user_infos)) 改为 f.write(encode(str(user_infos)))。

全部修改完成后，我们的程序就开发完成了，接下来的工作就是用 pyinstaller 打包成可执行文件了。在命令行模式下，输入如下命令：

pyinstaller –F –p "C:/Users/Administrator/AppData/Roaming/Python/Python36/site-packages/;c:/program files/python/lib/site–packages" main.py

打包后生成的可执行文件可以分发给他人运行了。来比一比谁的软件更有趣味性吧。

模拟题

1. 执行下列程序，输出的结果是（　　）。

```
1  print(ord("A"))
2  print(type("A"))
3  print(abs(-33))
```

A.

```
控制台
65
<class 'str'>
 33
程序运行结束
```

B.

```
控制台
65
<clas'int'>
33
程序运行结束
```

C.

```
控制台
65
<class'list'>
33
程序运行结束
```

D.

```
控制台
65
<clas3'str'>
–33
程序运行结束
```

2. 下列选项中能绘制出如下图形的是（　　）。

A.

```
1  import turtle
2  turtle.speed(10)
3  turtle.color("red","yellow")
4  for _ in range(50) :
5      turtle.begin_fill()
6      turtle.forward(200)
7      turtle.left(170)
8      turtle.end_fill()
9  turtle.hideturtle()
10 turtle.done()
```

B.

```
1  import turtle
2  turtle.speed(10)
3  turtle.begin_fill()
4  turtle.color("red","yellow")
5  for _ in range(50):
6      turtle.forward (200)
7      turtle.left(170)
8      turtle.end_fill()
9  turtle.hideturtle()
10 turtle.done()
```

C.

```
1  import turtle
2  turtle.speed(10)
3  turtle.color("red","yellow")
4  for _ in range(50):
5      turtle.begin_fill()
6      turtle.forward(200)
7      turtle.left(170)
8      turtle.end_fill()
9  turtle.hideturtle()
10 turtle.done()
```

D.

```
1  import turtle
2  turtle.speed(10)
3  turtle.color("red","yellow")
4  turtle.begin_fill()
5  for _ in range(50):
6      turtle.forward(200)
7      turtle.left(170)
8  turtle.end_fill()
9  turtle.hideturtle()
10 turtle.done()
```

3. 下图程序可以实现统计对应 .txt 文件出现频次最高的前 15 个词语（词语长度大于等于 2）。则下列空白①处应填写的是（　）。

```
1  import jieba
2  txt = open("threekingdoms.txt","r",encoding = 'utf-8').read()
3  words = jieba.lcut(txt)
4  counts = { }
5  for word in words:
6      if len(word) == __①__:
7          continue
8      else:
```

```
9          counts(word) = counts.get(word,0) + 1
10  items = list(counts.items())
11  items.sort(key = lambda x:x[1],reverse = True)
12  for i in range(15):
13      word,count = items[i]
14      print("{0:<10}{1:>5}".format(word,count))
```

A. 0　　B. 1

C. 2　　D. 15

4. 在同一个文件夹内有 fac.py 和 seg.py 两个文件，分别如下所示，运行 seg.py 文件，输出的结果是（　）。

fac.py

```
1  def fac(n):
2      if n == 0
3          return 1
4      else:
5          m = fac(n - 1) * n
6  return m
```

seg.py

```
1  from fac import *
2  print(fac(5))
```

A. 24　　B. 36

C. 72　　D. 120

5. 下面程序的运行结果是（　）：

```
1  def foreach(iterator):
2      for item in iterator:
3          print(item)
4  my_lst = [1,2,3,[4,5],6]
5  foreach(my_lst)
```

A. 1 2 3 [4,5] 6　　B. 1 2 3

C. 1 2 3 6　　D. 1 2 3 4 5 6

6. 请用程序画出如下图形。

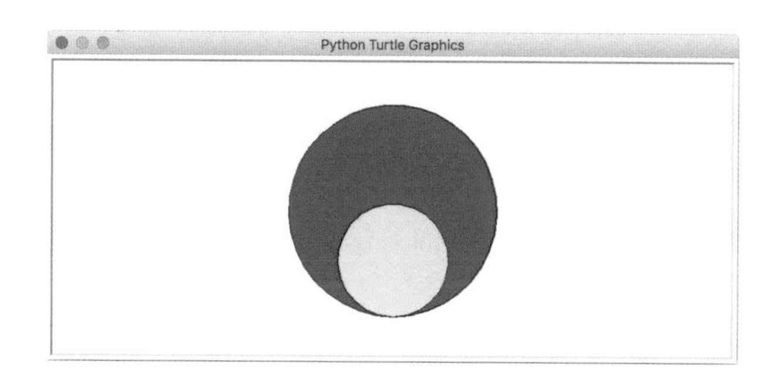

7. 杨辉三角又称贾宪三角形，是二项式系数在三角形中的一种几何排列，具体形式如图所示。

```
                        1
                      1   1
                    1   2   1
                  1   3   3   1
                1   4   6   4   1
              1   5   10  10  5   1
            1   6   15  20  15  6   1
          1   7   21  35  35  21  7   1
        1   8   28  56  70  56  28  8   1
      1   9   36  84  126 126 84  36  9   1
    1   10  45  120 210 252 210 120 45  10  1
  1   11  55  165 330 462 462 330 165 55  11  1
1   12  66  220 495 792 924 792 495 220 66  12  1
…
```

请编写一个程序，输入一个正整数，输出类似杨辉三角的列表。

输入样例 1：

5

输出样例 1：

[1]

[1,1]

[1,2,1]

[1,3,3,1]

[1,4,6,4,1]

输入样例 2：

9

输出样例 2：

[1]

[1,1]

[1, 2, 1]

[1, 3, 3, 1]

[1, 4, 6, 4, 1]

[1, 5, 10, 10, 5, 1]

[1, 6, 15, 20, 15, 6, 1]

[1, 7, 21, 35, 35, 21, 7, 1]

[1, 8, 28, 56, 70, 56, 28, 8, 1]

8．一个老农赶着鸭子去每个村庄卖，每经过一个村子就卖去所赶鸭子的一半又一只。这样他经过了 n 个村子后还剩 2 只鸭子。

请编写一个程序，输入老农路过的村子个数，输出老农共有多少鸭子。

输入格式：

输入村子的个数：

n

输出格式：

输出鸭子总数：

num

输入样例：

8

输出样例：

1022

9．请编写一个程序：用户一次性输入一串整数，整数之间以一个空格隔开，程序输出这串整数中重复次数最多的那个。（若有多个不同整数重复次数最多且重复次数相同，则输出这些整数中数值最小的那个数）

输入格式：

一串整数，整数之间用一个空格隔开

输出格式：

满足要求的整数

输入样例：

10 10 11 12 12

输出样例：

10

10．请按照下列要求将代码补充完整：

（1）定义一个“人”类（People），该类包含两个属性及三个方法，如下所示：

①属性

姓名（name）

年龄（age）

②方法

work()，打印 "working"

get_name()，打印姓名。

get_age()，打印年龄。

（2）定义一个“学生”类（Student）：

①继承 People 类的属性和方法。

②重写 work() 方法，修改为打印 "studying"。

11．阶乘指从 1 乘以 2 乘以 3 乘以 4 一直乘到所要求的数。自然数 n 的阶乘是 $n! = 1 \times 2 \times 3 \times \cdots\cdots\cdots \times n$。例如，4 的阶乘是 $4 != 1 \times 2 \times 3 \times 4 = 24$; 7 的阶乘是 $7! = 1 \times 2 \times 3 \times 4 \times 5 \times 6 \times 7 = 5040$。

递归函数也可以用来解决计算 n 的阶乘问题，例如计算 n 的阶乘 $n! = n! = 1 \times 2 \times 3 \times \cdots\cdots .xn$，用函数 fact(n) 表示，可以看出：fact(n) = n! = 1 * 2 * 3 * …* (n−1) * n = (n−1)! * n = fact(n−1) * n。

请根据提示，运用递归函数编写一个程序：用户输入一个正整数 n，程序输出 n 的阶乘 n!。

输入格式:

输入一个正整数:

n

输出格式:

输出一个正整数:

n! 的值（若输出中包含其他字符，不得分）

输入样例:

7

输出样例:

5040

12. 请编写一个程序：分别输入三个数 a，b，c，输出一元二次方程 ax^2 + bx + c = 0 的解。

输入格式:

分三次，依次输入三个数 a，b，c

输出格式:

输出一元二次方程 ax^2 + bx + c = 0 的解

提示：

（1）当 b2 – 4ac > 0 时，方程有两个不相等的实数根：x1 =（–b + √（b^2 – 4ac））/ 2a，x2=（–b – √（b^2 – 4ac））/2a;

（2）当 b2 – 4ac = 0 时，方程有两个相等的实数根 x1 = x2 = –b / 2a;

（3）当 b2 – 4ac < 0 时，方程没有实数根。

输入样例:

1

2

1

输出样例:

−1.0

13. 编程操作题

（1）使用 turtle 库绘制如下图形。

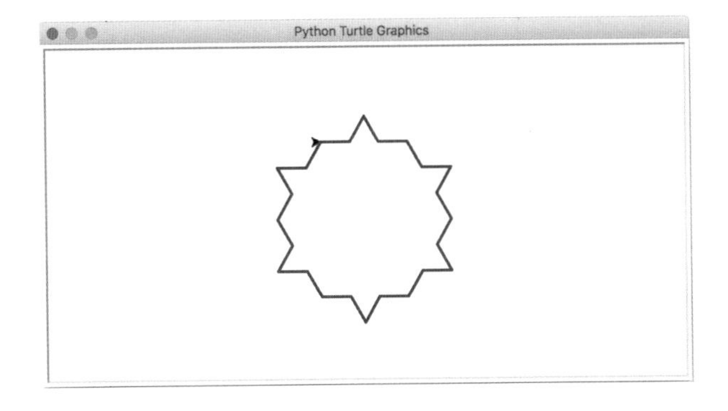

（2）该图形是由如下基础图形组成的，基础图形的角度为 60 度。

具体要求：

①画笔颜色为蓝色，画笔粗细为 3；

②图形能完整地显示在画布上；

③程序中需使用函数；

④基础图形角度满足图例要求。

14. 在 Python 中，存在 bin() 函数可以将十进制数转换成以 0b 开头的二进制数。例如，使用 bin() 函数可以将十进制数 2 转换成二进制数 0b10，将十进制数 3 转换成二进制数 0b11。

bin() 函数使用示例如下：

```
1  a = 3  # 3 是十进制数
2  print(bin(a))
3  b = 2  # 2 是十进制数
4  print(bin(b))
```

控制台

```
0b11
0b10
```

请根据以上提示，设计一个程序：

①分两次输入，每次输入一个十进制整数（假设输入的两个整数为 x、y）；

②程序随机生成一个介于 x、y 之间（包含 x、y）的十进制整数；

③程序输出这个十进制整数及对应的二进制数。

例如：

运行程序，第一次输入 2，第二次输入 5，（假设程序随机生成的一个数是 4）则程序输出 4　0b100。

运行程序，第一次输入 6，第二次输入 3，（假设程序随机生成的一个数是 3）则程序输出 3　0b11。

输入格式：

分两次输入，每次输入一个十进制整数

输出格式：

输出两个数，第一个为十进制数，第二个为它的二进制数，中间用一个空格隔开

输入样例 1：

3

6

输出样例 1：

4　0b100

输入样例 2：

3

1

输出样例 2：

2　0b10

15．请帮小黎设计一个程序，要求如下：

当输入一个正整数 N，输出 M；

若 N 为奇数，M 为 1!+3!+5! ....+N! 的值；

若 N 为偶数，M 为 2!+4!+6! ....+N! 的值。

提示：N! 表示正整数 N 的阶乘，指从 1 乘以 2 乘以 3 乘以 4 一直乘到 N 的值，例如 4! =1*2*3*4=24。

输入格式：

N

输出格式：

M

输入样例：

4

输出样例：

26

16．使用 turtle 库绘制如下图形。该图形是由 6 个 M 型的基础图形组成，基础

图形的角度为 90 度。

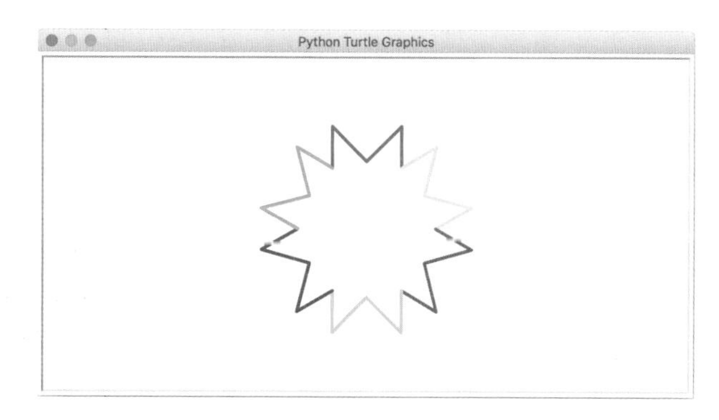

具体要求：

①每个基础图形的画笔颜色必须不同，画笔粗细为 4；

②图形能完整地显示在画布上；

③程序中需使用函数；

④基础图形角度如下所示。

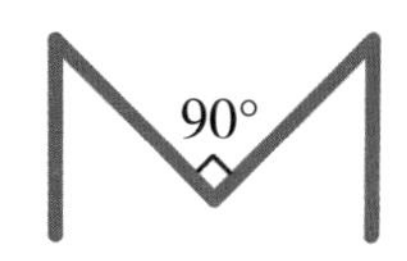

pygame 的使用

pygame 是一个用来编写游戏的库，它可以创建一个窗口，在窗口中控制图片的位置、角度，切换不同的图片，通过计算图片坐标来判断图片是否发生接触，控制声音播放等。

合理组合这些功能，就可以产生绚丽多彩的程序界面，达到娱乐的目的。

从库管理界面搜索 pygame 安装即可使用。

pygame 的使用说明大家可以自行网上搜索，有很多教程。

利用 pygame 库可以做出一些简单的游戏，同学们可以尝试用它来做点小游戏。

如果要开发大型游戏或者三维游戏，可以尝试一些专业游戏开发平台，比如 unity 或者编程加加。unity 是近年来越来越流行的游戏开发平台，能轻松地制作三维游戏。编程加加则是适合青少年学习的入门级开发平台，可以用类似 Python 的语法开发出酷炫的三维游戏。

附 录

二级函数列表

函数名	描 述	备 注
open(x)	打开一个文件，并返回文件对象	Python 二级
abs (x)	返回 x 的绝对值	Python 二级
type(x)	返回参数 x 的数据类型	Python 二级
ord (x)	返回字符对应的 Unicode 值	Python 二级
chr (x)	返回 Unicode 值对应的字符	Python 二级
sorted(x)	排序操作	Python 二级（查询）
tuple(x)	将 x 转换为元组	Python 二级（查询）
set (x)	将 x 转换为集合	Python 二级（查询）

表 1 青少年编程能力 Python 语言等级划分

等 级	能力目标	等级划分说明
Python 一级	基本编程思维	具备以编程逻辑为目标的基本编程能力
Python 二级	模块编程思维	具备以函数、模块和类等形式抽象为目标的基本编程能力
Python 三级	基本数据思维	具备以数据理解、表达和简单运算为目标的基本编程能力
Python 四级	基本算法思维	具备以常见、常用且典型算法为目标的基本编程能力

补充说明：Python 一级包括对函数和模块的使用，例如，对标准函数和标准库的使用，但不包括函数和模块的定义。Python 二级包括对函数和模块的定义。

Python 二级的详细说明

一、能力目标及适用性要求

Python 二级以模块编程思维为能力目标，具体包括以下 4 个方面：

（1）基本阅读能力：能够阅读模块式程序，了解程序运行过程，预测运行结果；

（2）基本编程能力：能够编写简单的模块式程序，正确运行程序；

（3）基本应用能力：能够采用模块式程序解决简单的应用问题；

（4）基本调试能力：能够了解程序可能产生错误的情况、理解基本调试信息并完成简单程序调试。

Python 二级与青少年学业存在如下适用性要求：

（1）前序能力要求：具备 Python 一级所描述的适用性要求；

（2）数学能力要求：了解以简单方程为内容的代数知识，了解随机数的概念；

（3）操作能力要求：熟练操作电脑，熟练使用鼠标和键盘。

二、核心知识点说明

Python 二级包含 12 个核心知识点，如表 2 所示，知识点排序不分先后。其中，名称中标注“（基本）”的知识点表明该知识点相比专业说法仅做基础性要求。

表 2　青少年编程能力“Python 二级”核心知识点说明及能力要求

编号	知识点名称	知识点说明	能力要求
1	模块化编程	以代码复用、程序抽象、自顶向下设计为主要内容	理解程序的抽象及结构及自顶向下设计方法，具备利用模块化编程思想分析实际问题的能力
2	函数	函数的定义、调用及使用	掌握并熟练编写带有自定义函数和函数递归调用的程序，具备解决简单代码复用问题的能力
3	递归及算法	递归的定义及使用、算法的概念	掌握并熟练编写带有递归的程序，了解算法的概念，具备解决简单迭代计算问题的能力

续表

编号	知识点名称	知识点说明	能力要求
4	文件	基本的文件操作方法	掌握并熟练编写处理文件的程序，具备解决数据文件读写问题的能力
5	（基本）模块	Python 模块的基本概念及使用	理解并构建模块，具备解决程序模块之间调用问题及扩展规模的能力
6	（基本）类	面向对象及 Python 类的简单概念	理解面向对象的简单概念，具备阅读面向对象代码的能力
7	（基本）包	Python 包的概念及使用	理解并构建包，具备解决多文件程序组织及扩展规模问题的能力
8	命名空间及作用域	变量命名空间及作用域，全局和局部变量	熟练并准确理解语法元素作用域及程序功能边界，具备界定变量作用范围的能力
9	Python 第三方库获取	根据特定功能查找并安装第三方库	基本掌握 Python 第三方库的查找和安装方法，具备搜索扩展编程功能的能力
10	Python 第三方库使用	jieba 库、pyinstaller 库、wordcloud 库等第三方库	基本掌握 Python 第三方库的使用方法，理解第三方库的多样性，具备扩展程序功能的基本能力
11	标准函数 B	5 个标准函数（见附录 A）及查询使用其他函数	掌握并熟练使用常用的标准函数，具备查询并使用其他标准函数的能力
12	基本的 Python 标准库	random 库、time 库等	掌握并熟练使用 3 个 Python 标准库，具备利用标准库解决问题的简单能力

参考答案